日常花事圖鑑

常見200種花卉，
從選擇、知識到花語的
療癒系手帖

前言

綻放在自然世界中繽紛多彩的各種花朵，

自古以來就因為觸手皆可得，

而獲得世界上每個人的喜愛，

也因此誕生了與它所生長的土地文化、傳説，

還有符合其美麗姿態的花語。

要是能夠認識花語的意涵，

還可以更加縮短與花兒的距離，

無論是買花來裝飾自家，還是送花禮給別人，

都能夠增添更多的選花樂趣。

本書以花店供應的花卉為主，

為大家介紹大約200種左右的花朵與花語，

接著，就一起來瞭解花語，讓生活充滿更多愉悅吧！

Contents

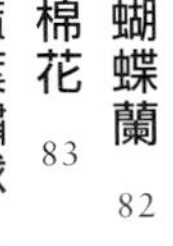

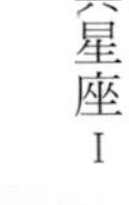

Contents

Contents

本書的使用方式

花卉名稱以台灣花市通稱來標註，
別名則沿用日本當地的名稱為主。

※若不清楚花名的時候，可以參考書末以開花季節來區別，並附上照片的索引來查詢。

關於花名、花語來歷等，與這款花卉相關的內容。

這款花的台灣名稱，小字為日本漢字通用名稱，並標註英文名稱。

這款花卉的花語，[ ]內為不同花色、品種的花語。

這款花卉最具代表性的花色種類，最下方的標記是複色（一朵花擁有兩種以上顏色）的意思。

這款花卉的基本資訊
分類：在植物分類裡的科名、屬名（被子植物APG分類法）
日本別名：刊載日本當地最具代表性的別稱，（ ）內為中文翻譯參考
上市時期：大約會出現在花店裡的時期
花期：欣賞花開的約略天數（葉材或果實類為保鮮期）
開花季節：不經人工栽培，在日本約略的開花季節

花語

愛情的降臨
情書
知性打扮

百子蓮

Agapanthus　African lily

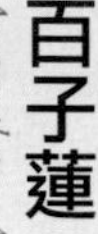

從充滿光澤的細窄葉子中，花莖向上筆直延伸，並以放射狀模樣開出了數十朵或白或藍或紫的花朵，百子蓮的花名在希臘文中帶有「愛之花」的意涵，這也成為了「愛情的降臨」、「情書」的花語由來；至於「知性打扮」則是因為百子蓮淡藍色花朵給人清爽、纖細又知性的印象而獲得。在日本也因為百子蓮的開花模樣與君子蘭相似，所以又將之稱為「紫君子蘭」。

Flower Data

分類	百子蓮科 百子蓮屬
原產地	南非
日本別名	紫君子蘭
上市時期	5～8月
開花季節	夏季
花期	5～7天
生日花	6/8、6/19、6/29

花語

治療 照顧

洋蓍草

Achillea　Yarrow

洋蓍草是一種具備多樣藥效的草本植物，也以「yarrow」之名著稱，在歐洲不僅被視為藥用植物，還具有驅逐惡魔的強大能量，因此也會被用來裝飾婚禮花束。而「Achillea」則是源自於希臘神話中的英雄—阿基里斯，根據傳說洋蓍草還曾在特洛伊戰爭中用來治療受傷的士兵。至於在日本則因為葉片形狀，而有著「西洋鋸草」的名稱。

Flower Data

分類	菊科 蓍屬
原產地	北半球的溫帶地區
日本別名	西洋鋸草、Yarrow（歐蓍）、羽衣草
上市時期	5～6月
開花季節	夏季
花期	1星期
生日花	8/2、11/17、9/3

紫花藿香薊
Ageratum　Floss flower

花期非常長，接力盛開的花朵彷彿不會褪色一般，因此紫花藿香薊花名就來自於希臘文中有著「不老」意味的「a geras」，而「永恆之美」、「舒適」的花語一樣源自於此。因為擁有與中藥藥材「藿香」相似的葉片，加上如同迷你薊花的花型，而獲得了「藿香薊」的名稱，至於英文名稱則是因為細碎蓬鬆的花瓣，猶如蠶絲而被稱為「Floss flower」。

花語
舒適／永恆之美

紫花藿香薊

Flower Data

分類	菊科 藿香薊屬
原產地	中～南美洲
日本別名	藿香薊、大藿香薊
上市時期	5～10月
開花季節	夏季
花期	1星期
生日花	5/3、7/15、9/14

花語

獨立／安心／嚴格

薊花 *Plumed thistle* 薊

因為葉子等長有尖刺，想要摘花就會被刺到而嚇一跳，因此日本就引用帶有「吃驚」意思的古語「Azamu」來命名為薊花Azami。薊花在蘇格蘭還有著一段歷史，1263年入侵的鄰國士兵在黑暗中因為踩到了薊花，痛得大叫出聲，也讓蘇格蘭察覺這支企圖進攻的軍隊，而成功地守住國家，也因此將薊花視作國家象徵，「獨立」的花語就是來自這個故事。

Flower Data

分類	菊科 薊屬
原產地	北半球
日本別名	野薊、眉筆、德國薊
上市時期	4～11月
開花季節	春～夏季
花期	1星期
生日花	4/22、9/18、10/21

花語

節制／滿足
被你所愛很幸福

杜鵑花

Azalea

所謂的「杜鵑花Azalea」，指的是江戶時代末期到明治年間傳入歐洲的「山杜鵑」、「皋月杜鵑」，經過改良成為盆栽品種的常綠杜鵑總稱，在比利時培育出來以後再重新引進回日本，充滿觀賞樂趣，也是杜鵑花品種當中能開出鮮豔大朵花的一種。

花名來自於拉丁語的「乾燥azaleos」，因為即使是再怎麼樣乾燥、貧瘠的土壤，杜鵑花也能生長得非常好，所以也因此被賦予了「節制」、「滿足」的花語。

Flower Data

分類	杜鵑花科 杜鵑花屬
原產地	歐洲
日本別名	西洋躑躅、阿蘭陀躑躅
上市時期	4～5月
開花季節	春季
花期	5～7天
生日花	3/10、8/8（紅）、12/22（紅）

花語

見異思遷
堅韌

繡球花 紫陽花

Hydrangea

「見異思遷」的花語以及「七變化」的別名，來自於繡球花的花色會隨著時間而逐漸出現變化，而且還有一段非常有名的故事，就是在江戶時代來到長崎的德國醫師兼自然歷史學家的Philipp Franz von Siebold，他以在日本愛上的女子、楠本瀧之名，將美麗的大輪花品種命名為「Otaksa」並介紹給歐洲人認識。至於「堅韌」的花語則不僅僅是因為繡球花的花期很長，還包含了即使丈夫返回故國、依舊不改愛戀的阿瀧的心思在裡面。

Flower Data

分類 繡球花科 繡球屬
原產地 日本、亞洲
日本別名 七變化、Hydrangea（繡球）
上市時期 5～7月
開花季節 夏季
花期 5天左右
生日花 6/3、6/14、6/26

花語

變化
相信的心
美麗的回憶

翠菊
China aster

天主教神父D'Incarville在1731年時，將翠菊種子從中國送回巴黎的植物園，並就此在歐洲落地生根，之後培育出單瓣型、外型華麗的重瓣型，以及非常可愛的球狀型等多樣品種，無論顏色還是模樣都讓人眼花撩亂，「變化」的花語就是由此而來。至於「相信的心」則是因為翠菊與瑪格麗特一樣，花瓣會被一片片剝下來進行花朵占卜而得。

Flower Data

分類 菊科 翠菊屬
原產地 中國北部
日本別名 蝦夷菊、薩摩菊、藍菊
上市時期 整年
開花季節 夏季
花期 1星期
生日花 4/10、5/11、9/10（白）、9/29

花語

愛情來臨
隨心所欲
謹慎

泡盛花

Astilbe

無數小花匯聚成圓錐狀的花穗，等到花朵綻放時，看起來就像冒出了許多輕飄飄的泡泡一樣，「泡盛草」的名稱就是來自於它的外觀。原生種泡盛花每一朵花都很迷你又十分普通，所以才會被冠上「Astilbe」這個在希臘文中意指「沒有光澤」的名字，多少有一點不光彩的感覺，但是20世紀初期隨著德國展開品種改良，不僅花朵變大了，顏色也變得豐富，現在在全世界可說是非常有人氣的一種花卉。

Flower Data

分類	虎耳草科　落新婦屬
原產地	東亞、北美
日本別名	泡盛草、泡盛升麻
上市時期	5～7月
開花季節	夏季
花期	1星期
生日花	6/1、7/11

花語
愛的渴望
向星星許願

大星芹
Great masterwort

呈現放射狀、看起來猶如星星模樣的部分其實是總苞，大星芹（百笈草）的真正花朵是眾多從中央冒出組合成半圓形的部分，花名來由自然就是因為總苞的外型，取自於希臘文中意味著「星星」的「Astra」一詞。雖然出現在日本的時間比較晚，是到最近才有的一種花卉，但已經是切花或花圃的人氣選擇。

大星芹很容易乾燥，適合做成乾燥花而有「愛的渴望」的花語；而「向星星許願」的花語，就是來自花朵模樣與名字帶來的聯想了。

Flower Data

分類	繖形科 星芹屬
原產地	歐洲、西亞
日本別名	Astrantia（星芹）、Masterwort（星芹）
上市時期	整年
開花季節	夏季
花期	1 星期
生日花	6/6、6/24

花語

純潔的心
犧牲／奉獻

馬醉木

Japanese andromeda

馬醉木是曾出現於萬葉集等古籍中，從以前就深受日本人喜愛的一款花卉，「馬醉木」的名稱據說是來自於馬兒吃到馬醉木時，就會出現像中毒一樣搖搖晃晃的醉酒情況而得名。

雖然本身是原產於日本、中國東部的植物，但是「犧牲」、「奉獻」的花語卻是由希臘神話中而來，衣索比亞公主安德洛美達因為驚人的美貌，而招致眾神憤怒，原本要被獻祭給海怪，最後卻被英雄帕修斯所救的故事。

Flower Data

分類	杜鵑花科 馬醉木屬
原產地	日本、中國東部、台灣
日本別名	馬不食
上市時期	2～4月
開花季節	春季
花期	3天左右
生日花	3/9、3/24、4/4

花語

虛幻的戀情

我愛你［紅］

期待［白］

我在等你［藍紫］

白頭翁

Anemone Windflower

跟隨著春風的腳步一起綻放的白頭翁，花名即是源於希臘文的「風」，至於花語也同樣與希臘神話有關。愛與美的女神阿芙羅黛蒂不小心被愛神邱比特的箭射中，愛上了美少年阿多尼斯，但是阿多尼斯卻在狩獵之際意外死亡，而白頭翁就被視為是哀悼阿多尼斯之死、是阿芙羅黛蒂流下的眼淚。也有一說是從阿多尼斯鮮血中開出來的花朵，因此擁有了「虛幻的愛」等花語。

Flower Data

分類 毛茛科 銀蓮花屬
原產地 南歐、地中海東部沿岸地區
日文別名 牡丹一華、花一華、紅花翁草
上市時期 11～4月
開花季節 春季
花期 3～5天
生日花 3/5、4/2（白）、4/6

Flower Data

分類 莧科 莧屬
原產地 熱帶美洲、熱帶非洲
日文別名 仙人穀、千年穀、紐鶏頭
上市時期 6～1月
開花季節 夏季
花期 5～7天
生日花 4/19、9/28

花語
頑強的精神
長生不老
不朽

尾穗莧

Amaranthus Pigweed Love-lies-bleeding Prince's feather

花穗即使經過乾燥也不會萎縮，所以尾穗莧花名就是希臘文「不枯萎」的意思，「長生不老」、「不朽」的花語也是因此而來。尾穗莧在南美早從西元前就已經有人種植，種子是當時百姓非常重要的穀物來源之一，最近幾年日本也開始關注起它的營養價值。尾穗莧除了有花穗像是動物尾巴一樣下垂綻放的品種外，也有成束筆直朝上的類型，而這一種因為跟雞冠花長得很像，所以在日本也將「雞頭」放入花名內。

花語

喋喋不休
閃耀之美

孤挺花

Amaryllis Barbados lily Knight's star lily

孤挺花碩大的花朵匯集在一起並朝左右綻放的模樣，彷彿正非常開心地「喋喋不休」當中。而依照英文直譯的別名「阿瑪麗麗絲Amaryllis」，則是希臘文中「閃閃發光」之意，來自於古羅馬詩人在《田園詩歌》所歌頌的牧羊女阿瑪麗麗絲之名。據聞阿瑪麗麗絲因為愛上英俊少年Alteo，於是拿出神明給她的箭矢刺傷自己，從滴落的鮮血裡開出了美麗花朵，當Alteo愛上了這花的同時，也終於愛上了阿瑪麗麗絲。

孤挺花

Flower Data

分類	石蒜科 孤挺花屬
原產地	南美
日文別名	金山慈姑
上市時期	4～6月（春季開花品種）、10月（秋季開花品種）
開花季節	春季、秋季
花期	5～7天
生日花	6/7、6/21、11/13（紅）

Flower Data

分類	鳶尾花科 鳶尾花屬
原產地	包含日本在內的東北亞（鳶尾花）、歐洲（德國鳶尾）
日文別名	德國鳶尾…独逸菖蒲、Rainbow flower（彩虹花）
上市時期	10～5月
開花季節	初夏
花期	3天左右
生日花	4/17、5/23、6/29

花語

好消息［鳶尾花］

燃燒的思念［德國鳶尾］

鳶尾花 菖蒲、德國鳶尾

Iris, German iris

在希臘神話裡，侍女愛麗絲因為受不了天神宙斯的追求示愛，宙斯妻子希拉於是將神酒灑在愛麗絲身上，將她變成彩虹女神並成為眾神與凡間的使者，而落在地面上的酒滴就變成鳶尾花Iris，花語也與訊息能跨越彩虹而來有關。鳶尾花的花色皆是藍紫或白色，但德國鳶尾則如同它的別名「Rainbow flower」一樣，能夠欣賞到各種不同的繽紛花色。

花語

性格溫和
正確的主張
不屈不撓

大花蔥

Allium Flowering onion

沒有任何葉子的粗壯植莖頂端，數以百計的小花匯聚成圓球狀，並且會依序開出花朵來，比較大型的大花蔥直徑甚至能達到20㎝，所以才會被冠上了「巨大的（＝Giganteum）」名字。

蓬鬆圓滾滾的花型代表著「性格溫和」，而筆挺向上伸展的花莖則成為花語「不屈不撓」或「正確的主張」的由來。「Allium」在拉丁文中具有「大蒜」意思，因為只要切開花莖就會散發一股獨特氣味。

Flower Data

分類	蔥科 蔥屬
原產地	歐亞大陸、非洲北部、北美
日文別名	花蔥、Giganteum（碩蔥）
上市時期	3～7月
開花季節	春季
花期	10天左右
生日花	5/16、7/14、7/23

花語

閃耀／奉獻的愛／初戀

Flower Data

分類	薔薇科 羽衣草屬
原產地	歐洲東部、小亞細亞
日文別名	西洋羽衣草、Lady's mantle（淑女的斗篷）
上市時期	整年
開花季節	初夏
花期	5～7天
生日花	5/7、10/24

斗篷草

Lady's mantle

在中世紀時人們相信，聚集在斗篷草葉片上的水滴，擁有不可思議的力量，因為葉子外型就像是聖母瑪利亞的斗篷，因此除了Alchemilla的名稱以外，還被稱為「淑女的斗篷Lady's mantle」。

而斗篷草所隸屬的羽衣草屬Alchemilla之名，則是源自於阿拉伯文的「煉金術」或「綢緞般柔順的頭髮」，「煉金術」是因為當時術師在從事煉金術時會用上這種植物；「綢緞般柔順的頭髮」則是來自於鬆軟小花集中綻放的模樣。

百合水仙

Alstroemeria　Lily of the Incas　Peruvian lily

百合水仙是一款原生於安地斯山脈寒冷地帶的花朵，因為花期非常長而誕生出「持續」的花語，無論是中文名稱的「百合水仙」還是英文名稱的「印加百合Lily of the Incas」，全都是因為美麗迷人的花朵姿態猶如百合一樣。而「Alstroemeria」之名是瑞典自然歷史學家卡爾林奈Carl von Linné，在南美旅行途中採集百合水仙種子後，依照他的植物學家好友特別來命名，而卡爾林奈也是被尊為「現代生物分類學之父」的知名人物。

Flower Data

分類	百合水仙科　百合水仙屬
原產地	南美
日文別名	百合水仙、夢百合草、印加百合
上市時期	整年
開花季節	春季
花期	5～7日
生日花	2/18、3/13、5/7

花語

對未來的憧憬

持續

Flower Data

分類 棕櫚科 馬島棕屬
原產地 馬達加斯加
日文別名 黃金竹耶子、山鳥耶子
上市時期 整年
賞葉期 7～10 天
生日花 12/5

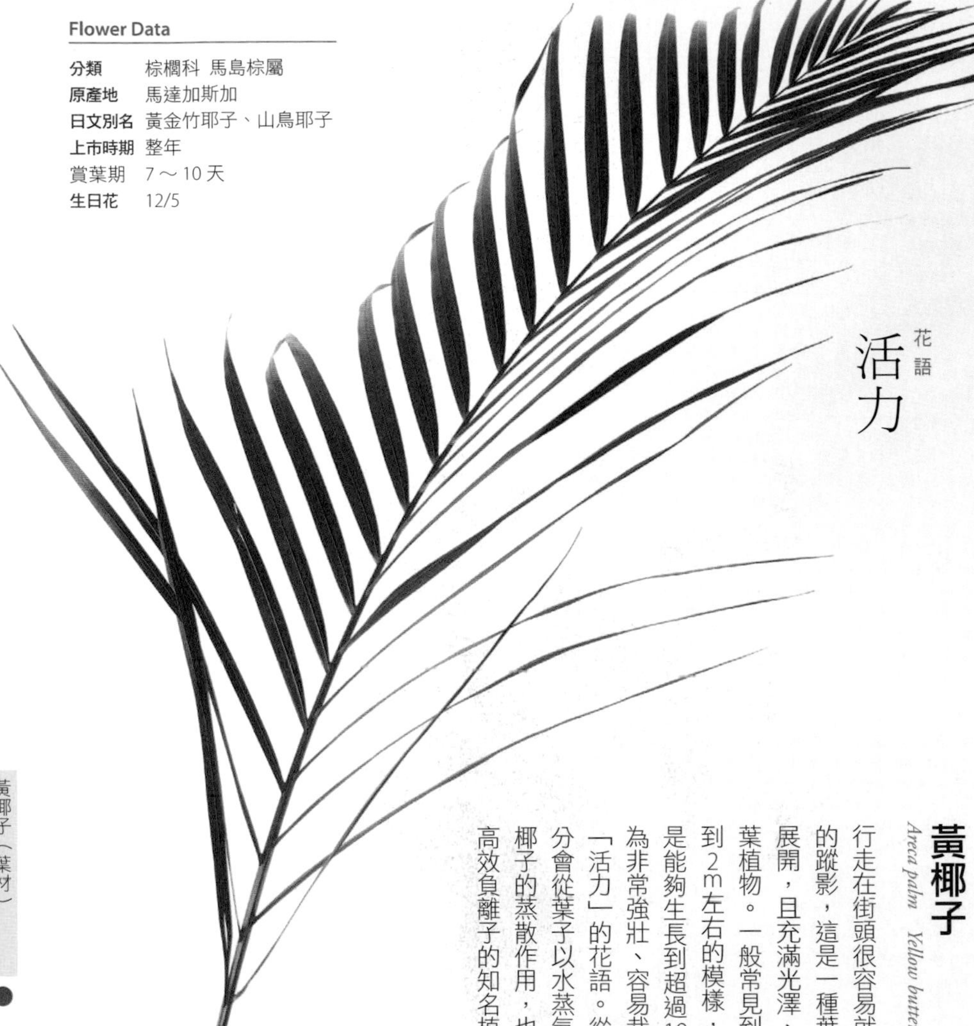

花語

活力

黃椰子

Areca palm Yellow butterfly palm

行走在街頭很容易就能發現黃椰子的蹤影，這是一種葉子像羽毛一樣展開，且充滿光澤、魅力十足的觀葉植物。一般常見到的都是長度不到2m左右的模樣，但在原產地可是能夠生長到超過10m以上，也因為非常強壯、容易栽種而被賦予了「活力」的花語。從根部汲取的水分會從葉子以水蒸氣形式蒸發，黃椰子的蒸散作用，也讓它成為擁有高效負離子的知名植物。

火鶴花

Anthurium　Tail flower　Flamingo flower

散發光彩的心型模樣十分地有個性，火鶴花花語的「熱情」就與其造型非常匹配，但其實看起來像是是花瓣的部分，稱為「佛焰苞」，是天南星科獨有的一種葉子，而真正的花朵則是豎立在中央，如同像棒子一樣的密集花序。而在日本也因為火鶴花的形狀像是一把團扇，還有著「大紅團扇」的稱號。

花語

熱情

Flower Data

分類	天南星科　花燭屬
原產地	熱帶美洲
日文別名	Tail flower（花燭）、 Flamingo flower（火鶴花）
上市時期	整年
開花季節	夏季
花期	2 星期左右
生日花	8/25、11/13、12/1

玉米百合

African corn lily

玉米百合纖細花莖上、十數朵花如同穗狀一般會接二連三綻放，花語的「團結」之意就是來自其成團匯聚的模樣。屬名的「小鳶尾屬Ixia」是因為葉子或花莖遭到破壞時，會產生有黏性的汁液，因此依據希臘文的「ixos（黏蟲板）」來做為屬名起源。如同長矛般的葉子還有花朵的開花樣式，都與水仙非常相似，因此在日本就特別加了「水仙」的名稱，但與石蒜科的水仙是完全不同種類。

花語

團結／自豪

隱藏的愛

玉米百合

Flower Data

分類	鳶尾科 小鳶尾屬
原產地	南非
日文別名	槍水仙、African corn lily（非洲玉米百合）
上市時期	4～6月
開花季節	春季
花期	7～10天
生日花	3/17、4/20、5/16

紫花當藥

Swertia pseudochinensis

或紫或白的星星形狀小花，沿著植莖細密分出的枝頭開花，迷人的模樣也因此獲得了「Evening Star（夜星花）」之名。紫花當藥自古以來就是腸胃藥的一種，與帶有苦味而知名的草藥──日本當藥屬於同一類，並且有著「紫千振」的日本名稱，只不過紫花當藥的苦味較低，也沒有什麼藥效。原本紫花當藥在日本關東以西有著原生種，但隨著繁殖地年年銳減，現在已經屬於近危物種之一。

Flower Data

分類	龍膽科 獐牙菜屬
原產地	日本、中國、朝鮮半島
日文別名	紫千振
上市時期	9～12 月
開花季節	秋季
花期	1 星期
生日花	9/20、10/8、10/31

花語

一切都好
安穩／餘裕

Column

野花與水果的花語

以下介紹，日常可見的野花、水果也有花語。

野花的花語

酢漿草 *Oxalis* 喜悅

在歐洲會綻放在復活節前後，因此也被稱為「哈利路亞」，花語的由來也是從這緣由而誕生。

紫花地丁 *Violet* 溫順［白］·誠實［紫］

深受古希臘民眾的喜愛，象徵著聖母瑪利亞的一種花朵，花語自然跟著有相關的聯想。

蒲公英 *Dandelion* 神諭

因為從過去就一直被用來做為花朵占卜，蒲公英的花語自然也與天神有所關連。

澤蘭 *Thoroughwort* 猶豫

數十朵小花依照順序開花的模樣，成為花語的由來。

紫斑風鈴草 *Bellflower* 忠誠的心

在日本各地的山林裡，都能夠發現到這款低垂著頭綻放、大家非常熟悉的草花，花語則是源於其低調的花姿。

紫露草 *Dayflower* 懷舊關係

因為一共擁有大小 3 片花瓣，學名就是取自於 3 位知名植物學家之名，因此花語也跟著因此而來。

虎耳草 *Strawberry saxifrage* 喜歡

小而潔白、花朵形狀充滿特色的虎耳草，彷彿隨風飄動的雪花，至於花語是因為虎耳草從以前就屬於民間療法的一種而獲得。

水果的花語

草莓 *Strawberry* 展現敬意

在北歐神話裡，奉獻給大地女神的祭品就有草莓，在基督教中也視之為聖母瑪利亞的果實。

無花果 *Fig* 豐富

在果實裡開滿無數花朵的無花果，也是因此而被賦予了這樣的花語，也會被比喻是戀愛之類的「開花結果」。

黑莓 *Blackberry* 與你一起

在歐洲，從以前就會直接品嚐黑莓或釀製成果醬，屬於相當常見的一種水果，花語也是由此而來。

橘子 *Orange* 婚禮

橘子花朵自古就被認為能為新娘帶來幸福，因此有使用橘子花做成新娘花冠的習俗，而果實則為「完美」的象徵。

鳳梨 *Pineapple* 完美無缺

甜蜜的香氣與多汁的果肉，應該稱得上是「完美無缺」的水果了。

葡萄 *Grape* 信賴

與人類淵源非常久遠的一款水果，葡萄酒是耶穌基督血液的象徵，而由其形象也衍生出了相關的花語。

哈密瓜 *Melon* 滿足

原生於埃及附近一帶，經過不斷地品種改良，成為現今大家所熟悉的高級水果，花語也是依照哈密瓜的形象而來。

蘋果 *Apple* 名聲

在希臘神話其中有一段故事，就是 3 位女神爭奪獻給「最美麗女神」的金蘋果引起紛爭，花語應該也是依此而得。

花語

吸引人心
初戀回憶
甜美誘惑

蜂室花

Candytuft

小小花朵匯聚成球狀盛開的模樣，就像是糖果一樣，加上散發著香甜氣味，因此擁有「甜美誘惑」的花語，同時也以「糖果叢」的別名著稱。英文花名的iberis，則是源自於這種花大多原生在歐洲的伊比利半島之故。

由於蜂室花有朝向太陽生長的習性，花莖很容易彎曲，因此在日本也會直接引用中文字的「屈曲花」做為別名，而「吸引人心」的花語也是因為花朵的向陽性而得。

Flower Data

分類	十字花科 屈曲花屬
原產地	地中海沿岸、西南亞
日文別名	屈曲花、常盤薺、Candytuft（糖果叢）
上市時期	12～7月
開花季節	春季
花期	5～7天
生日花	2/11、3/15、3/22

花語

古風／情趣

齒葉溲疏 空木

Japanese snowflower

因為樹幹呈現中空模樣，在日文中於是從「空心木（utsurogi）」變化成為了「空木utsugi」的說法，並且還根據頭一個單字的發音，將花朵取名為「卯之花」。

如同在日本童謠《夏天來了》中的歌詞一樣，齒葉溲疏從古時候起就是歌詠初夏來臨的經典花卉，「情趣」的花語恐怕也是由此而得。因為樹枝前端滿開著白色小花的模樣，看起來就像是堆著雪花般，所以也將之稱為「雪見草」。

Flower Data

分類	繡球花科 溲疏屬
原產地	日本、中國、朝鮮半島
日文別名	卯の花、卯花空木、雪見草
上市時期	5～6月
開花季節	初夏
花期	3天左右
生日花	5/22、6/4

花語
忠實
優雅［白］
豔麗［紅］

梅花 梅

Japanese apricot　Plum blossom

梅花是在西元7世紀派遣隋使的年代，從中國引進到日本，與松樹、竹子一同被視為吉祥的植物，而被人們所喜愛。古代只要提到花卉就是意指梅花，由萬葉時代起，就出現在各式各樣的詩歌中，被文人墨客歌詠。梅花還有一個非常出名的「飛梅」傳説，據説當菅原道真被貶官到太宰府時，種植在庭院裡的梅樹因為太過思念主人，一夜之間從京都飛到了太宰府，於是而花語自然也就與道真以及這個傳説有關。

Flower Data

分類	薔薇科 李屬
原產地	中國
日文別名	好文木、木の花、春告草
上市時期	1～3月
開花季節	冬季
花期	3～7天左右
生日花	1/9（白）、1/24（紅）

紫錐花

Purple coneflower

紫錐花的另一個花名Echinacea，在希臘文中具有「刺蝟」的意思，這是來自於花朵中央突起部分，就像是團成一圈的圓滾滾刺蝟模樣而得。花的根部以及花莖具有殺菌及提高免疫力的效果，在紫錐花原生地的美洲，原住民還會用它來治療被蛇咬傷或發燒時降熱，因此也被稱為「印地安人的草藥」，「治癒你的痛苦」、「溫柔」的花語就是由此得來。

花語

溫柔

治癒你的痛苦

紫錐花

Flower Data

分類 菊科 紫錐菊屬
原產地 北美東部
日文別名 紫馬簾菊、紫西洋菊
上市時期 6～10月
開花季節 夏季
花期 非常良好
生日花 3/16、10/7、10/9

花語

渴望孤獨

可愛的戀情

蘆莖樹蘭

Epidendrum　Star orchid　Baby orchid

在希臘文中意味著「樹上」的屬名，就足以說明這款蘭花根部，是緊抓著樹木或岩石而生長茁壯。「渴望孤獨」的花語，恐怕就是源於在無法養出其他植物的環境裡開出花朵，值得令人仰慕而得。一般常見的蘆莖樹蘭就像照片一樣，在筆直延伸的花莖頂端群生著可愛的小花，不過因為樹蘭屬擁有非常多不同種類，可以看到的花朵模樣、顏色到大小，可說千姿百態非常豐富。

Flower Data

分類	蘭科 樹蘭屬
原產地	中美、南美
日文別名	桜姫千鳥、虹手毬、Epiden（樹蘭）
上市時期	整年
開花季節	不定期開花
花期	2 星期左右
生日花	6/13、11/23、12/27

Flower Data

分類	杜鵑花科 石楠屬
原產地	歐洲、南非
日文別名	Heath（石楠）、Heide（石楠）
上市時期	2～3月、11～4月
開花季節	冬季～春季
花期	10天左右
生日花	2/5、8/5、9/17、12/14

花語

孤獨／幸福／幸福的愛情

歐石楠（聖誕歐石楠）

Heath

歐石楠在狂風吹襲荒野中依舊頑強綻放，這樣荒涼的大自然也成為蘇格蘭、英格蘭的經典風景並聞名全世界，甚至還曾經出現在《咆哮山莊》、《秘密花園》等文學名著中，「孤獨」的這個花語正是因此得來。另一方面，在歐洲還傳說只要發現白色歐石楠，並將之送給意中人就能夠獲得幸福，所以獲得了「幸福」、「幸福的愛情」的花語。

花語
暗戀 秘密戀情

紫薊

Eryngo　Flat sea holly　Sea holly

長而帶有尖刺的苞片以及如同柊樹般的葉子，紫薊（刺芹）總是讓人印象深刻，而且這樣的外型讓人不敢輕易靠近，彷彿在守護著什麼秘密一樣，因此才被賦予了「暗戀」、「秘密戀情」的花語。紫薊另外還有帶著特殊金屬藍、從花莖到苞片都是藍色的美麗品種，也能夠做成乾燥花來運用，不過紫薊在乾燥以後尖刺會更加銳利，要多小心注意。

紫薊

Flower Data

分類	繖形科 刺芹屬
原產地	歐洲、南・北非
日文別名	松笠薊、襟巻薊
上市時期	整年
開花季節	夏季
花期	7～10天
生日花	7/30、8/28、9/24

花語

巨大希望
遠大理想
不變的心

狐尾百合

Desert candle　Foxtail lily

大約30～40㎝左右的長型花穗上，密集地開出直徑約1㎝左右的小花，在3～4個禮拜期間，會依序由下往上開花，大而紮實的狐尾百合外型，不由得讓人聯想到「巨大希望」、「遠大理想」這樣的花語。狐尾百合分布於中亞的乾燥草原或半沙漠地帶，獨尾草屬的屬名來自於希臘文「沙漠的尾巴」之意，另外也因為它的圓柱形狀，而獲得了「沙漠蠟燭Desert candle」的英文名稱。

Flower Data

分類　阿福花科 獨尾草屬
原產地　西亞～中亞
日文別名　Desert candle（沙漠蠟燭）
上市時期　5～8月
開花季節　夏季
花期　10天左右
生日花　5/11、11/17

花語

我發誓
羈絆
華麗戀情

粉團花 大手毬

Japanese snowball

球花的小花聚集成手毬般的圓球狀，一朵粉團花的直徑大約是10㎝左右，而且成團的白花讓枝條低垂，看起來就如同圓滾滾的雪球，因此擁有「Snowball」的英文名稱。「我發誓」、「羈絆」的花語，應該是來自於潔白花朵、彷彿發誓永遠愛對方的新娘而得，當然也因為粉團花的迷人以及華麗模樣，獲得了「華麗戀情」的花語。

Flower Data

分類	五福花科 莢蒾屬
原產地	中國、日本
日文別名	手毬花、Japanese snowball（日本雪球）
上市時期	4～6月
開花季節	初夏
花期	5天左右
生日花	3/6、4/24、5/28

花語

純粹／天賦
純真

伯利恆之星

Star of Bethlehem　Arabian star flower

一般伯利恆之星都是白色花朵，因此學名就添加有希臘文中「奶」意思的「gala」字樣，「純粹」、「純真」的花語，當然也是來自於雪白可愛的花朵模樣，連帶的在最近幾年的新娘捧花，也非常流行用

伯利恆之星妝點。開成星星形狀的花朵，就像是在耶穌基督誕生之際，出現於天邊指引東方三位博士前往伯利恆的星星，所以被命名成「伯利恆之星」，而英文名稱也直接定為「Star of Bethlehem」。

Flower Data

分類	天門冬科 虎眼萬年青屬
原產地	地中海沿岸、西亞、南非
日文別名	大甘菜、Star of Bethlehem（伯利恆之星）
上市時期	整年
開花季節	春季
花期	10 天～ 2 星期
生日花	1/14、2/27、9/19

夢幻草 苧環

Columbine

傳說只要將夢幻草葉子放在手中揉戳就會產生勇氣，因而成為「勝利」的花語由來。

日本將夢幻草取名為苧環，是因為花朵形狀與稱為苧環的纏繞紡線的線球相似，而英文名稱叫做「Columbine（像鴿子一樣）」，則是從花苞模樣彷彿一隻鴿子而來。Columbine同時也是出現在歐洲喜劇中一位女孩的名字，夢幻草因為形似她手中所拿的杯子，所以也擁有「愚蠢」的花語。

花語

勝利

勝利決心［紫］

擔心到發抖［紅］

掛念著他［白］

夢幻草

Flower Data

分類	毛茛科 耬斗菜屬
原產地	日本、東亞、歐洲
日文別名	深山苧環、西洋苧環
上市時期	4～6月
開花季節	春季
花期	4～5天
生日花	5/1、5/14（紫）、6/2（紅）

Flower Data

分類　忍冬科 敗醬屬
原產地　日本、東亞
日文別名　粟花、敗醬、血目草
上市時期　7～10月
開花季節　夏季
花期　5～7天左右
生日花　8/16、9/11、9/17、10/25

黃花敗醬草　女郎花

Golden lace　Scabious patrinia　Yellow patrinia

做為秋天七草之一的黃花敗醬草，也曾經在《萬葉集》中被歌詠過，日文花名會稱為女郎花Ominaeshi，由來就是因為黃色小花長得像是粟米，因此從粟飯Awameshi的別名、女飯Ominameshi變化而來，會加上泛指女性的「Omina」字樣，恐怕是因為黃花敗醬草讓人感覺像是細緻又可愛的女子吧，從花語也能夠擁有相同的感受。

在日本開始使用「女郎」這個名詞是源於平安時代，對當時貴族女子的一種敬稱。

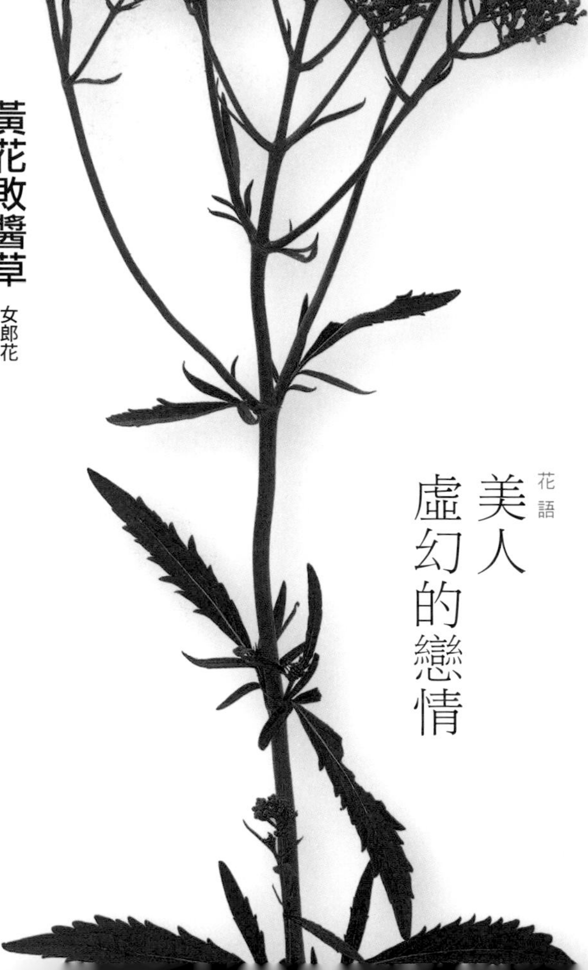

花語

美人
虛幻的戀情

花語

一起來跳舞
可愛／清純

文心蘭

Dancing lady orchid　Butterfly orchid　Oncidium

文心蘭是一款具備著蘭科特有的唇瓣（位於花朵下方更大的花瓣）的花卉，模樣就像是華麗裙擺翩翩地跳著舞的女子一樣，而擁有「Dancing lady orchid（跳舞女郎的蘭花）」的英文名稱，「一起來跳舞」的花語就是由此得來。小小的花朵看起來也像是蝴蝶，因此還獲得了「可愛」、「清純」的花語，而在日本則是認為文心蘭如同成群的麻雀，也將之冠上了「群雀蘭」的名稱。

Flower Data

分類	蘭科　文心蘭屬
原產地	中美、南美、西印度群島
日文別名	群雀蘭、雀蘭
上市時期	整年
開花季節	秋季
花期	7～10天
生日花	1/15、1/31

花語

純潔深沉的愛

對母親的愛［紅］

感動［粉紅］

活生生的愛情［白］

康乃馨

Carnation

做為20世紀從美國發起的「母親節」之花，康乃馨一直備受世界各地喜愛，花朵本身的記載歷史非常悠久，能夠回溯到古希臘時代，當時為了取得香料而已經開始進行人工栽種。傳說當耶穌基督被釘上十字架時，聖母瑪利亞流下的眼淚長出了康乃馨，因此而做為母愛、耶穌受難的象徵，經常會與聖母聖子一起，被描繪於宗教畫作裡，並且由此賦予了「純潔深沉的愛」的花語。

康乃馨

Flower Data

分類	石竹科 石竹屬
原產地	地中海沿岸、西亞
日文別名	和蘭石竹、麝香撫子
上市時期	整年
開花季節	春季
花期	7～10天
生日花	2/16、4/15（白）、5/14（紅）、6/15、11/20（紅）

花語

希望

高雅的美［粉紅］

總是積極［紅］

終極美［黃］

耐心［橘］

非洲菊

Gerbera　African Daisy

從在南非被發現以來，非洲菊只不過是一款大約100年歷史的新型花卉，屬名更是以發現它的德國自然學家Gerber來冠名。五彩繽紛又很可愛的非洲菊人氣相當高，但其實它最原始的花色只有紅色，經過不斷的品種改良，讓顏色、花形變化更為豐富，甚至還培育出花瓣細而尖的蜘蛛型或重瓣、半重瓣等等，有著各式各樣的吸睛品種，而花語也依照花色而被賦予了明亮、積極的相關詞彙。

Flower Data

分類	菊科 大丁草屬
原產地	南非
日文別名	花車、大千本槍
上市時期	整年
開花季節	春季、秋季
花期	5～10天
生日花	1/22（粉紅）、10/11（紅）

花語

清純的心
天真無邪

純潔［白］
感激［粉紅］

滿天星　霞草

Baby's breath　Gypsophila

細密分杈的纖細枝條前端，開滿了無數小小花朵，就像是春天煙霞漫天的美景，因而被冠上了「霞草」的別稱，英文名稱也因為滿天星蓬鬆的模樣而叫做「Baby's breath（嬰兒的呼吸）」，「天真無邪」的花語也是由此而來。石頭花屬Gypsophila是依照希臘文的「gypsos（石膏）」以及「philios（愛）」組成，這是因為石頭花屬的植物，都喜好生長於石灰質土壤中。

Flower Data

分類	石竹科 石頭花屬（滿天星屬）
原產地	歐洲、中亞
日文別名	宿根霞草、小米撫子
上市時期	整年
開花季節	夏季
花期	5～7天
生日花	2/3、6/4（粉紅）、11/30

Flower Data

分類	蘭科 嘉德麗雅蘭屬
原產地	中南美
日文別名	Cattleya（卡多利亞蘭）
上市時期	整年
開花季節	秋季～冬季
花期	1～2星期
生日花	2/9、11/24、12/10

嘉德麗雅蘭

Cattleya

大輪的花朵讓嘉德麗雅蘭在眾多蘭花中，依舊格外華麗而醒目，並因此獲得了「蘭花女王」的稱號，花語也依照優雅而有氣質成熟女性形象來命名。雖然在配種下，誕生出各式各樣不同品種的嘉德麗雅蘭，但在一開始的時候，耗費了長達6年歲月才讓它開出花朵來，能夠成功育種的原因，就在於19世紀收集了嘉德麗雅蘭、並帶回英國的園藝家William Cattley，因此屬名也特別冠上了他的姓氏。

花語

魅力十足／優美

魔力［白］

魅力［粉紅］

香蒲

Reed mace

蒲

在日本只要提到了香蒲，就會聯想到知名的「因幡之白兔」神話，看到被鱷魚剝去一身皮毛的哭泣白兔，大國主命（出雲大社祭祀的天神）告訴白兔可以用淡水清洗身體，並在鋪滿香蒲毛絮的地面來回翻滾，果然白兔的皮毛就這樣全都長了回來，而花語就是來自「坦率」聽從建議的白兔，以及「慈愛」的大國主命。而實際上，香蒲的花粉也的確具有止血、治療擦傷等的效果。

花語

坦率／慈愛

Flower Data

分類	香蒲科 香蒲屬
原產地	北半球溫帶地區
日文別名	御簾草
上市時期	4～9月
開花季節	夏季
花期	1星期
生日花	1/23、7/19、11/10

Flower Data

分類	菊科 母菊屬
原產地	歐洲、中亞
日文別名	Chamomile（洋甘菊）、Camomille（洋甘菊）
上市時期	4～7月
開花季節	春季
花期	4～5天
生日花	2/14、3/14、11/3

花語

忍受苦難
治癒你

洋甘菊（德國洋甘菊）

Chamomile (German chamomile)

生命力旺盛、無論在哪一種環境裡都能生長的洋甘菊，也因此誕生出了「忍受苦難」的花語，「Chamomile」在希臘文中擁有「大地的蘋果」的意思，這是因為洋甘菊的白色花朵，帶有蘋果般清新的香氣。據說遠在4千年前的巴比倫古王國，就已經知道將洋甘菊當作草藥使用，到現在依舊以具有安眠、放鬆效果而廣為人知；至於多年生草本植物的「羅馬洋甘菊」，雖然也是菊科，卻是不同屬。

海芋

Calla lily　Arum lily

依照希臘神話的傳說，從負責婚姻、母性女神希拉溢出來母乳中所誕生的就是海芋。白海芋堪稱是最人氣婚禮花朵，清爽的美感就如同花語一樣，讓人感受它的「凜然之美」。花名不僅是由希臘文的「Kallos（美）」做為來源，也因為形似修女服裝的衣領（collar）而來。海芋看起來如同花瓣的部分，其實是稱為佛焰苞的花萼，真正的花朵是內部中央的棒狀部位。

花語

凜然之美

少女的賢淑

壯闊之美［黃］

熱情［粉紅］

夢想之美［紫］

Flower Data

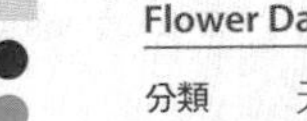

分類	天南星科 馬蹄蓮屬
原產地	南非
日文別名	和蘭海芋
上市時期	整年
開花季節	夏季
花期	1 星期左右
生日花	7/26、10/31、11/26

荷包花

Slipper flower　Pocketbook plant

荷包花的學名Calceolaria是依據希臘文、「細小拖鞋」意思的「Calceolus」而來，別名也被稱為「拖鞋花」，由於唇狀花瓣會整個鼓起如同小袋子，獨特又小巧可愛的模樣，因此在日本以「巾著花」的名稱最廣為人知。因為巾著、有著等於存放重要東西的聯想，所以也被賦予了可以想像到財產、婚姻的相關花語。

Flower Data

分類　玄參科 荷包花屬
原產地　南美
日文別名　巾著草、Slipper flower（拖鞋花）
上市時期　4～6月
開花季節　春季
花期　3～5天
生日花　3/3、3/27、4/24、5/23

花語

給我的伴侶援助

花語

驚訝／開朗

袋鼠爪花

Kangaroo paw

不僅有細密絨毛包覆具備獨特質感，枝條前端還分出6朵漏斗狀的花朵，看起來就像是袋鼠的前肢，而成為了花名由來。充滿別緻趣味的袋鼠爪花，也還擁有「你娛樂了所有人」這樣的花語，至於血皮草科的科名「Haemodoraceae」則帶有「血的禮物」意味，這是因為澳洲原住民，會將袋鼠爪花的紅色地下莖拿來食用之故。

Flower Data

分類	血皮草科 袋鼠爪花屬
原產地	澳洲西南部
日文別名	Cat's Paw（貓爪花）、Anigozanthos（袋鼠花）
上市時期	整年
開花季節	春季
花期	1～2星期
生日花	1/6（紅）、2/5、9/9、10/3（黃）、11/1、12/4

花語

感謝／說出想法

風鈴草
Canterbury bells

風鈴草屬名Campanula是依照拉丁語的「小小的鐘」為語源，來自於它的吊鐘般花朵形狀，中、日文名稱的「風鈴草」也同樣是因為花型而得，花語也是由其像鐘的形狀而賦予了教會福音的意義。在希臘神話裡，花神芙羅拉因為精靈Campanula之死太過哀傷，因而把自己變成了風鈴草；還有一說是愛的女神阿芙羅黛蒂，她遺忘在地上的鏡子周邊開出了風鈴草。

Flower Data

分類	桔梗科 風鈴草屬
原產地	北半球的溫帶地區
日文別名	風鈴花、吊鐘草
上市時期	12～7月
開花季節	夏季
花期	5～7天
生日花	4/23、5/15、7/8

Flower Data

分類	桔梗科 桔梗屬
原產地	日本、中國、朝鮮半島
日文別名	桔梗、岡止々岐
上市時期	6～7月
開花季節	夏季
花期	3～5天
生日花	9/1、10/22、10/31

花語

不變的愛

氣質［紫］

清純［白］

桔梗

Balloon flower

在《萬葉集》中就曾被不斷歌詠，從古到今就一直就受到日本人喜愛的桔梗，也屬於秋天七草的一員，花語則是源自於桔梗凜然又低調的身姿，而且還因為「桔梗」拆開來看就會變成「更吉」，被視為是一種吉祥花朵，而成為眾多家徽、家紋設計的靈感來源。桔梗根因為含有名為「皂素」成分，長久以來也被用來做為止咳袪痰、舒緩喉痛效果的一款藥材。

菊花 菊

Chrysanthemum　Florist's daisy

農曆九月九日「重陽節」也被稱為「菊花節」，日本早在平安時代起就會在這一天，飲用漂浮著菊花花瓣的菊花酒，來驅除邪氣的風俗。而被稱為「菊之御紋」的「十六八重表菊」因為用於日本皇室、皇族的家徽，花語也由此形象而誕生。同時做為一整年中最後開花的花卉，具有走到盡頭意思的「窮盡」一詞，成為了日語花名Kiku的語源。

Flower Data

分類	菊科 菊屬
原產地	中國
日文別名	家菊、Mum（黃華）
上市時期	整年
開花季節	秋季
花期	1 ～ 2 星期
生日花	1/5、10/1、12/1、12/9

花語

高貴

長壽與幸福［黃］

誠實［白］

我愛你［紅］

黃波斯菊 黃花秋桜

Golden cosmos　Yellow cosmos

黃波斯菊與波斯菊屬於同類，因為黃或橘色系的花朵居多，而冠上這個名稱，英文的「Yellow cosmos」或「Golden cosmos」等也同樣由此而來，而有著明顯缺口的葉子形狀也是一大特徵。

不僅能從夏季一路綻放至晚秋，黃波斯菊是一旦生根就能夠生長，繁殖能力相當強的一種花卉，比起隨著秋風搖擺，模樣纖細的波斯菊更加富有野生意趣，因此獲得了「野性美」的花語。

Flower Data

分類	菊科 秋英屬
原產地	墨西哥
日文別名	黃花秋桜、Yellow cosmos（黃花波斯菊）
上市時期	7～10月
開花季節	夏季～秋季
花期	5～10天
生日花	5/18、8/12、10/2、10/13

花語

野性美

球吉利花

Gilia　Bird's-eye gilia

主要流通於花市裡的球吉利花，有小花集中開在花莖頂端，形成圓球狀花朵的「Gilia capitata」，以及單瓣淡紫花瓣搭配黑色花心的「三色吉利花Gilia tricolor」這3種。花語「善變的戀情」就是因為球吉利花會隨著品種不同，花型、氣氛都不一樣而來。依照18世紀自然學家名字而取的屬名Gilia，在日本也直接引用成為了花名。

花語

善變的戀情

Flower Data

分類	花荵科 吉利花屬
原產地	北美西部
日文別名	玉咲姬花忍、姬花忍
上市時期	11～5 月
開花季節	夏季
花期	3～5 天 2 星期左右（藍頂花）
生日花	2/27、3/5

垂筒花

Cyrtanthus　Fire lily

垂筒花的屬名Cyrtanthus，在希臘文中擁有「彎曲的花朵」的意思，開在柔軟花莖頂端的花朵，不是橫向左右而開，就是面對著土地綻放，因此被賦予了「害羞的人」的花語。

在原產地南非，垂筒花是春季放火燒地後、冒出來的花朵而聞名，也因此英文名稱才會稱做「Fire lily」，在日本則是因為花朵模樣如同笛子，又與水仙花極為相似，獲得了「笛吹水仙」之名。

花語

害羞的人

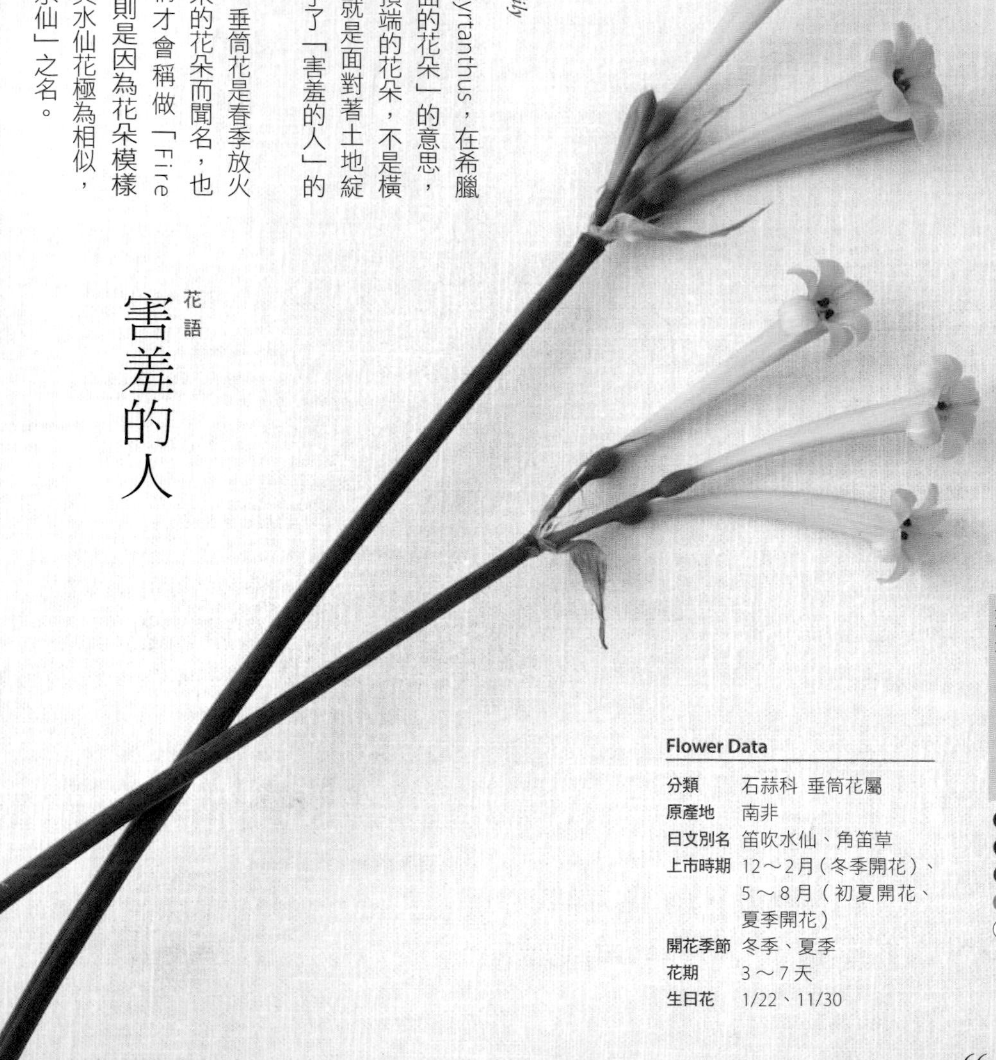

Flower Data

分類	石蒜科 垂筒花屬
原產地	南非
日文別名	笛吹水仙、角笛草
上市時期	12～2月（冬季開花）、5～8月（初夏開花、夏季開花）
開花季節	冬季、夏季
花期	3～7天
生日花	1/22、11/30

Flower Data

分類	車前科 金魚草屬
原產地	地中海沿岸地區
日文別名	Snapdragon（金魚草）、Snap（龍口花）、Antirrhinum（金魚草）
上市時期	整年
開花季節	春季
花期	1 星期
生日花	2/19（白）、3/18、7/2

花語

多管閒事
清純的心

金魚草

Common snapdragon 金魚草 *Snapdragon*

因為花朵看起來就像是金魚的魚鰭，因此在日本稱之為「金魚草」，而英文則是取自於花形猶如開口的龍，獲得了「Snapdragon（龍口花）」的稱呼，「多管閒事」的花語也是因為呈穗狀排列的花朵，就像是各自抒發己見、大張著嘴巴一樣而來。

在德國更相信金魚草的強烈氣味具有去邪效果，只要在玄關或家畜欄舍吊著金魚草，就是最好的守護神。

金盞花 金盞花

Calendula　Pot marigold

金盞花的屬名Calendula與月曆Calendar擁有相同語源，都是來自於有「月曆」意思的拉丁語，原因就在於金盞花的花朵開闔，是隨著太陽日出、日落而改變。在希臘神話之中就有著水精靈的寧芙Clytia，愛上了太陽神阿波羅這類的知名悲傷故事，金盞花的花語也是與此有關。過去也會因為金盞花的花期很長，被視為是博愛的象徵，而被當作戀情的護身符或婚禮上的花飾點綴。

花語　離別之痛　慈愛

Flower Data

分類	菊科 金盞花屬
原產地	地中海沿岸
日文別名	常春花、Calendula（金盞菊）、Pot marigold（黃金盞）
上市時期	10～5月
開花季節	春季
花期	3～7天
生日花	3/26（橘色）、8/3、8/24

孔雀草

Frost aster　Frost flower

孔雀草的花名來自於有著無數分杈花莖上，滿開著「可愛」的花朵模樣，就像是伸展一身漂亮羽毛的孔雀；在歐美則是將花朵模樣譬喻為天上繁星，加上因為孔雀草會持續綻放到落霜的秋日，所以也被稱為「Frost aster（霜之星）」或「Frost flower（霜之花）」。同時還因為孔雀草會在9月29日、大天使米迦勒的節日前後開花，也具有著「Michaelmas Daisy（米迦勒節的雛菊）」的別稱。

花語

一見鍾情
可愛／友情

Flower Data

分類	菊科 紫菀屬
原產地	北美
日文別名	孔雀草、孔雀菊
上市時期	整年
開花季節	夏季～秋季
花期	7～10天
生日花	9/8、9/25、10/4、10/11

花語
非常幸福
帶來喜悅

梔子花　梔子・口無

Common gardenia　Cape jasmine

梔子花是與瑞香花、金木犀，並稱為三大香樹植物之一的花朵，跟隨初夏微風一起飄散出來的甘甜香氣，成為了「帶來喜悅」的花語。在美國要邀請第一次參加舞會的女孩子，有贈送梔子花給對方的習慣，花語的「非常幸福」就是從這個風俗而來。梔子花的果實就算熟透了也不會迸裂開來，所以被冠上了「口無」的名稱，不過在日常生活裡也會做為藥材或料理的天然染色來源。

Flower Data

分類	茜草科 梔子屬
原產地	東亞、日本
日文別名	Gardenia（梔子）
上市時期	4～7月
開花季節	夏季
花期	2～4天
生日花	3/19、4/29、5/6、6/30、7/7

Flower Data

分類	鳶尾科　唐菖蒲屬
原產地	南非、地中海沿岸
日文別名	唐菖蒲、阿蘭陀菖蒲
上市時期	整年
開花季節	夏季
花期	3～10天
生日花	3/23、6/14、7/13、9/15

花語

勝利／幽會／留意

劍蘭

Gladiolus　Sword lily

因為筆直綠葉就如同一把細長寶劍，所以賦予了在希臘文裡帶有「劍」意思的花名，也因此英文名稱是「Sword lily（劍之花）」，並且隨之加諸上「勝利」的花語。

過去在歐洲，據說偷偷戀愛的情侶，會將劍蘭放入籃中或做成花束，花朵數量就是約會時間的暗號，依此來聯繫對方，所以劍蘭也隨之應運生出了「幽會」、「留意」的花語。

花語

永遠的幸福

敲擊心扉

金杖球

Drumstick

纖細筆直的花莖上結著鮮黃色的圓球花朵，獨特造型與敲擊樂器的鼓槌非常相似，所以擁有了「Drumstick」這樣的英文名稱，隨之而來花語也跟著被賦予了「敲擊心扉」。要是將金杖球切花擺放在通風良好處，就能做成乾燥花，亮麗的色彩會被永遠保存下來，所以也具有著「永遠的幸福」的花語。不過仔細觀察，會發現金杖球的球狀花朵，其實是由許多小花聚集形成。

Flower Data

分類	菊科 金杖球屬
原產地	澳洲、紐西蘭
日文別名	Craspedia globosa（金槌花）、Drumstick（金杖球）
上市時期	6～10 月
開花季節	夏季
花期	1～2 星期
生日花	11/6、6/25

白玉草

Bladder campion

或白或粉色的花朵根部像氣球一樣鼓起，白玉草擁有著非常獨特的外表，日本稱之為「風輪花」，因為就如同名稱一樣，淺綠色的「風輪（風鈴）」隨風搖曳的模樣，是非常可愛又輕盈的一款花卉。

看起來像是果實的部分其實是袋狀的花萼，「虛假的愛」的花語就是來自於其看起來像是風鈴或果實般的「偽裝」吧。白玉草的花萼在花朵凋謝以後還是會保留下來，所以還能夠多一段欣賞時期。

花語

虛假的愛

Flower Data

分類	石竹科　蠅子草屬
原產地	地中海沿岸
日文別名	風輪花、白玉草、 Silene vulgaris（白玉草）
上市時期	3 ～ 7 月
開花季節	夏季
花期	1 星期
生日花	6/19

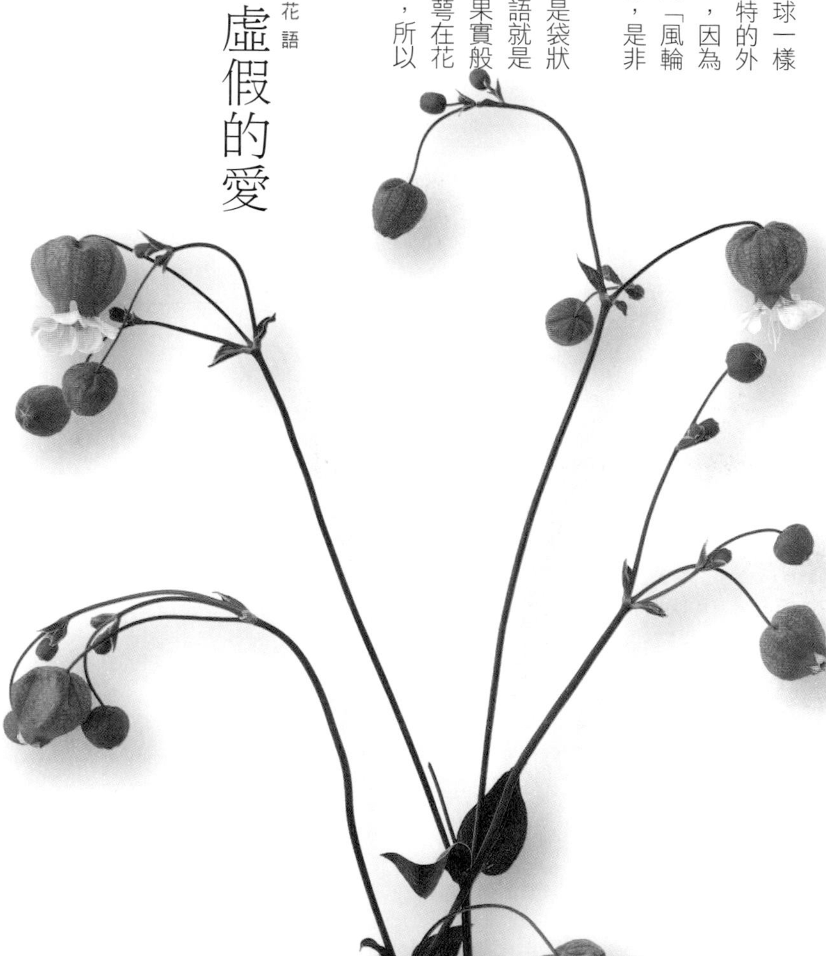

花語
清純

新南威爾斯聖誕樹

Christmas bush　New South Wales

新南威爾斯聖誕樹的花朵為白色、直徑約1cm左右大小，在原產地的澳洲是在晚春（日本的晚秋）之際開花，之後花萼會變得肥大並且轉成紅色，等到時節進入耶誕季節時，長到約10m高度左右的樹木，整棵樹都會成為大紅顏色，也是新南威爾斯聖誕樹名稱的由來。在日本，則是會引進切花做為耶誕節的應景花卉。

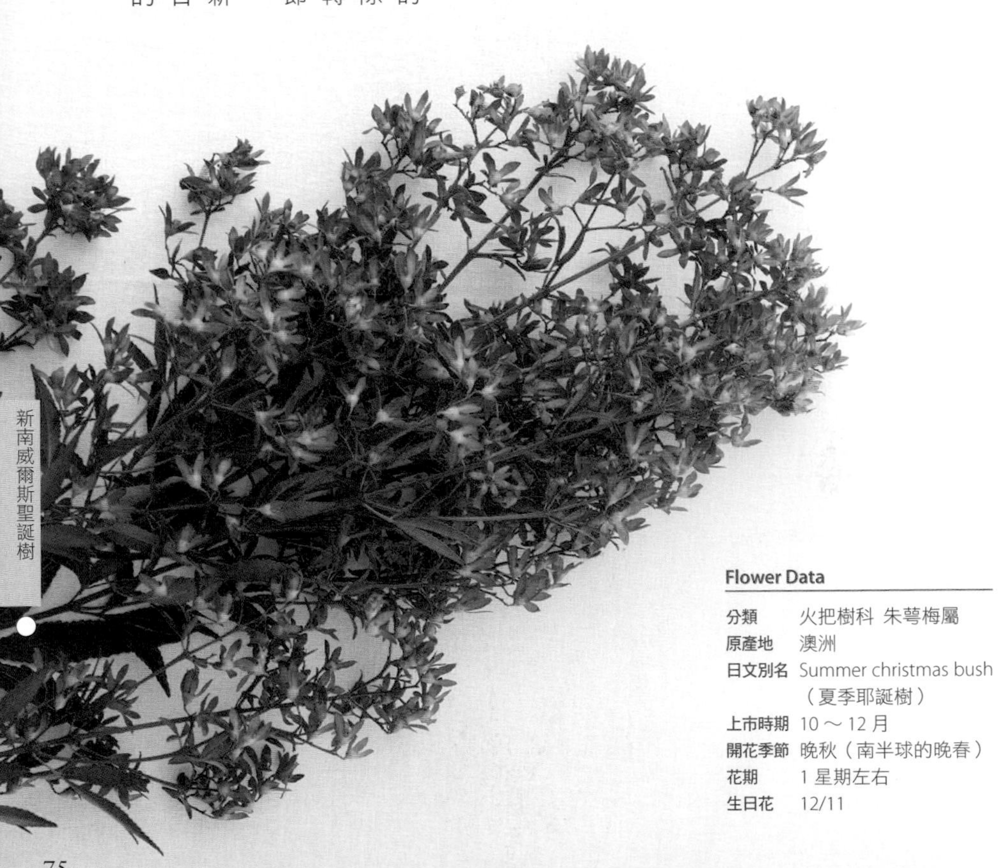

Flower Data

分類	火把樹科 朱萼梅屬
原產地	澳洲
日文別名	Summer christmas bush（夏季耶誕樹）
上市時期	10～12月
開花季節	晚秋（南半球的晚春）
花期	1星期左右
生日花	12/11

Flower Data

分類	毛茛科 鐵筷子屬
原產地	歐洲、地中海沿岸
日文別名	寒芍藥、雪起こし
上市時期	12～4月
開花季節	冬季
花期	1星期
生日花	11/16、12/13、12/26

聖誕玫瑰

Christmas rose

聖誕玫瑰是一款綻放於耶誕節左右，模樣像玫瑰的花朵，歐洲在古代時相信這種花（原生種）的香氣能夠治療憂鬱症，所以才會衍生出「緩解我的焦慮」的花語（照片為園藝品種）；另外還有一個與耶誕節有關的傳說，當耶穌基督降生時，人們紛紛前來祝賀，但是貧困的牧羊女只能哀嘆「自己沒有任何可以獻上的禮物」，這時候地面忽然就開出了聖誕玫瑰，讓牧羊女能夠摘下它送給耶穌基督。

花語

勿忘我
緩解我的焦慮

薑荷花

Hidden lily　Siam tulip

「薑荷花Curcuma」是以阿拉伯語的「kurkum（黃色）」做為語源，這是因為薑荷花的根莖都是黃色染料來源，無論是製作咖哩的「薑黃turmeric」，還是具有健胃功能的中藥而出名的「鬱金」，都是Curcuma的別稱。薑荷花不耐寒冷，到了冬天就會枯萎，但是如果能以稻草等做好適當的保暖措施，球根會繼續存活並在來年繼續發芽，所以被賦予了「忍耐」的花語。

花語

忍耐

Flower Data

分類	薑科　薑黃屬
原產地	馬來半島、印度
日文別名	鬱金、春鬱金
上市時期	5～10月
開花季節	夏季
花期	1星期
生日花	8/22、8/30

花語
旅行者的樂趣
美麗的心

鐵線蓮
Clematis　Leather flower

「鐵線蓮Clematis」源自於希臘文的「藤蔓」，因此也被稱為是「藤蔓植物的女王」。鐵線蓮分布於世界各地，經常在路邊形成一處涼快的遮蔭地，所以也有了「旅行者的樂趣」的花語。傳說中當聖母瑪利亞帶著年幼的耶穌基督逃往埃及之際，就曾經在鐵線蓮的花蔭底下休息過，所以也擁有了「聖母瑪利亞的樹蔭」的稱號。鐵線蓮在日本也有野生種，自古以來就是很常見的親民植物品種。

Flower Data

分類	毛莨科 鐵線蓮屬
原產地	北美、歐洲、中國、日本
日文別名	風車、鉄線
上市時期	3～12月
開花季節	春季～秋季
花期	5～7天
生日花	7/1、9/12、10/22

Flower Data

分類	秋水仙科 嘉蘭屬
原產地	非洲、熱帶亞洲
日文別名	狐百合、百合車
上市時期	整年
開花季節	夏季
花期	1 星期
生日花	8/10、10/19

花語

光榮／勇敢

火焰百合

Gloriosa　Climbing lily

猶如火焰燃燒般的鮮豔色澤，加上如同波浪般捲曲纖細又華麗的花瓣，火焰百合外型令人印象十分深刻，花名也是來自於拉丁文的「gloriosus（精彩的）」，另外由於葉子尾端有著捲鬚，會纏繞著四周來生長，因此也被稱為「Climbing lily（蔓百合）」。火焰百合的球根與山藥非常相似，但因為具有名為秋水仙素的毒素，一旦誤食會對人體帶來傷害。

雞冠花 鶏頭

Cockscomb Plumed cockscomb

花語

與眾不同 時髦

「雞冠」的花名是取自於如同天鵝絨般的紅色花朵，形狀就像是公雞的雞冠一樣而來，無論是英語、德語還是法語等各國語言，都是冠上了有雞冠意思的名字，而獨一無二的花型也被賦予了「與眾不同」、「時髦」的花語。目前出現在花市裡的有「普通雞冠花」、「頭狀雞冠花」、「羽狀雞冠花」、「麥穗型雞冠花」這4種不同品種，花型、大小都完全不一樣。

Flower Data

分類	莧科 青葙屬
原產地	亞洲 ・ 非洲的熱帶地區
日文別名	韓藍、鶏冠花
上市時期	5～12月
開花季節	夏季～秋季
花期	5～7天
生日花	8/24、9/5、9/8、9/28、9/30

Flower Data

分類 菊科 波斯菊屬
原產地 墨西哥
日文別名 秋桜、大春車菊
上市時期 4～11月
開花季節 秋季
花期 5～10天
生日花 9/3、9/27、10/5（黃）、10/6（紅）

波斯菊

Cosmos

波斯菊屬於秋天的代表性花卉之一，不過傳入到日本是在明治初期，做為「開在秋天如同櫻花一般的花朵」，所以也擁有了「秋櫻」的日本名稱。與其纖細花姿截然相反的是，波斯菊非常強壯且容易培育，所以也因此迅速地普及於日本全國各地。「Cosmos」在希臘文中具有「和諧」、「秩序」、「美麗」的意思，而「宇宙（Cosmos）」、「化妝品（Cosmetic）」的語源也是由「Kosmos」得來。

花語

和諧

優美［白］ 少女的愛情［紅］

少女的純潔［粉紅］

蝴蝶蘭 胡蝶蘭

Moth orchid Phalaenopsis

擁有著大片花瓣，看起來彷彿飛舞的蝴蝶而獲得了「蝴蝶蘭」的名稱，高貴華美的模樣，讓它的學名也冠上愛與美女神阿芙羅黛蒂之名（Phalaenopsis aphrodite），花語當然也是與這樣的形象有關。做為新娘選花，蝴蝶蘭不僅僅是在婚禮上人氣極高，蝴蝶蘭盆栽更是具有「幸福向下紮根」的寓意，而成為了各式各樣喜事的經典祝賀花禮。

花語

純粹的愛

幸福向你飛來

清純［白］ 我愛你［粉紅］

Flower Data

分類	蘭科 蝴蝶蘭屬
原產地	東南亞
日文別名	Phalaenopsis（蝶蘭）、Moth orchid（擬蛾蘭）
上市時期	整年
開花季節	整年
花期	10～15 天左右
生日花	11/2、1/17、10/17

花語
優秀／有用

棉花
Cotton　Tree cotton

在古印度和文明流域一帶，從西元前2500年左右，就已經懂得種植棉花並採摘使用，日本則是於奈良時代傳入。棉可以取出棉花，棉籽能夠榨成棉籽油，多方面應用在我們的生活之中，所以也因此擁有了「優秀」、「有用」等的花語。棉花的花朵呈現淺黃色，花瓣非常輕薄，模樣十分可愛，之後結出的果實成熟綳開以後，就會顯露出蓬鬆柔軟的棉花，中間還藏有無數棉籽，從這些棉籽也能夠取得棉籽油。

Flower Data

分類	錦葵科 棉花屬
原產地	熱帶亞洲、美國
日文別名	Cotton flower（棉花）、棉、Aziwata（棉花）
上市時期	11～1月
開花季節	秋季
觀果期	─
生日花	8/30、10/18、10/21、12/12

花語

優雅／友情

麻葉繡球 小手毬

Reeves spirea　Spirea

白色小花聚集在一起盛開的模樣就像是日本手毬，所以也被稱為「小手毬」，每逢春天就會有無數花朵滿開於枝頭，美麗又充滿氣質的模樣被賦予了「優雅」的花語，另外麻葉繡球也因為像是眾多鈴鐺串在一起，所以還擁有著「鈴懸」的別稱。至於花朵比麻葉繡球再大一些的粉團花，雖然也獲得「手毬花」的別名，但是麻葉繡球屬於薔薇科，粉團花則是忍冬科植物。

Flower Data

分類	薔薇科 繡線菊屬
原產地	中國東南部
日文別名	手毬花、鈴懸、団子花
上市時期	3～5月
開花季節	春季
花期	3～7天
生日花	1/15、2/10、4/8、4/15

櫻花 *Cherry blossom* 桜

美國第一任總統喬治・華盛頓，曾經不小心砍了父親心愛的櫻花樹，花語的「精神之美」，就是來自於華盛頓誠實認錯後被大人表揚的小故事。「櫻花Sakura」之名則是源於日本神話，被譽為「像花兒一樣美」的女神──木花開耶姬，將櫻花種子從富士山一路灑遍全日本各地，因為名字發音是Kono-hana-sakuya-bime，因此就以其中的「Sakuya」來做為花朵名稱。

花語

精神之美
優雅女性

櫻花

Flower Data

分類 薔薇科 李屬
原產地 北半球的溫帶地區
日文別名 一
上市時期 12～4月
開花季節 春季
花期 5～10天
生日花 4/1、4/7、4/9、4/13

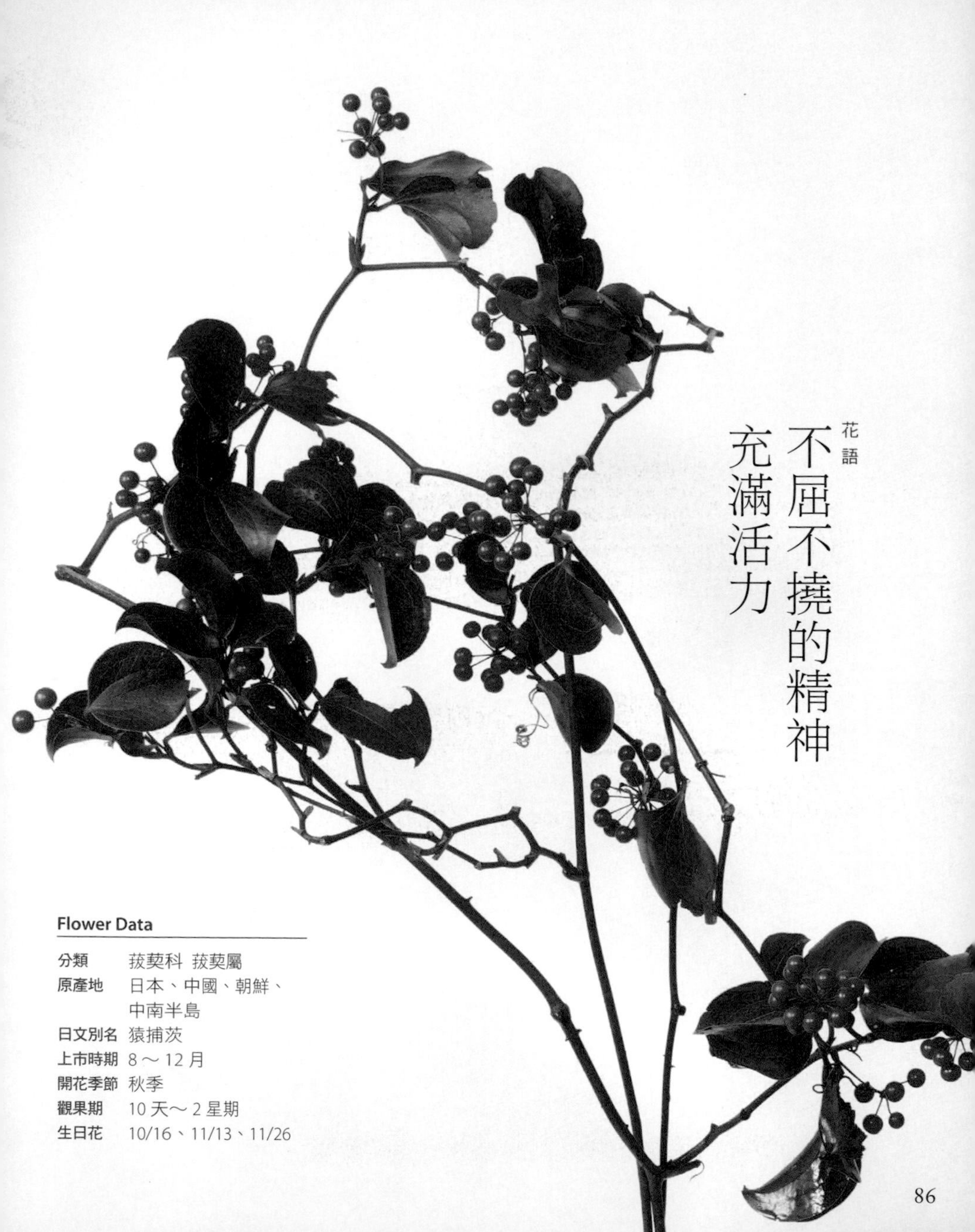

花語

不屈不撓的精神

充滿活力

Flower Data

分類	菝葜科 菝葜屬
原產地	日本、中國、朝鮮、中南半島
日文別名	猿捕茨
上市時期	8～12 月
開花季節	秋季
觀果期	10 天～2 星期
生日花	10/16、11/13、11/26

山歸來

山帰来

China root

比起花朵，山歸來的漿果更有觀賞價值，進入晚秋後成熟變紅的果實，是耶誕花環非常人氣的花材之一，另外在西日本一帶，還會以山歸來的厚實圓形葉子，取代槲樹的樹葉做為製作柏餅的葉子。漿果本身被認為有解毒效果，「山歸來」的名稱有一說就是病患於山中吃下這款漿果，返家後恢復了元氣而得到這樣的稱呼，至於「充滿活力」的花語應該也是由此而得來。

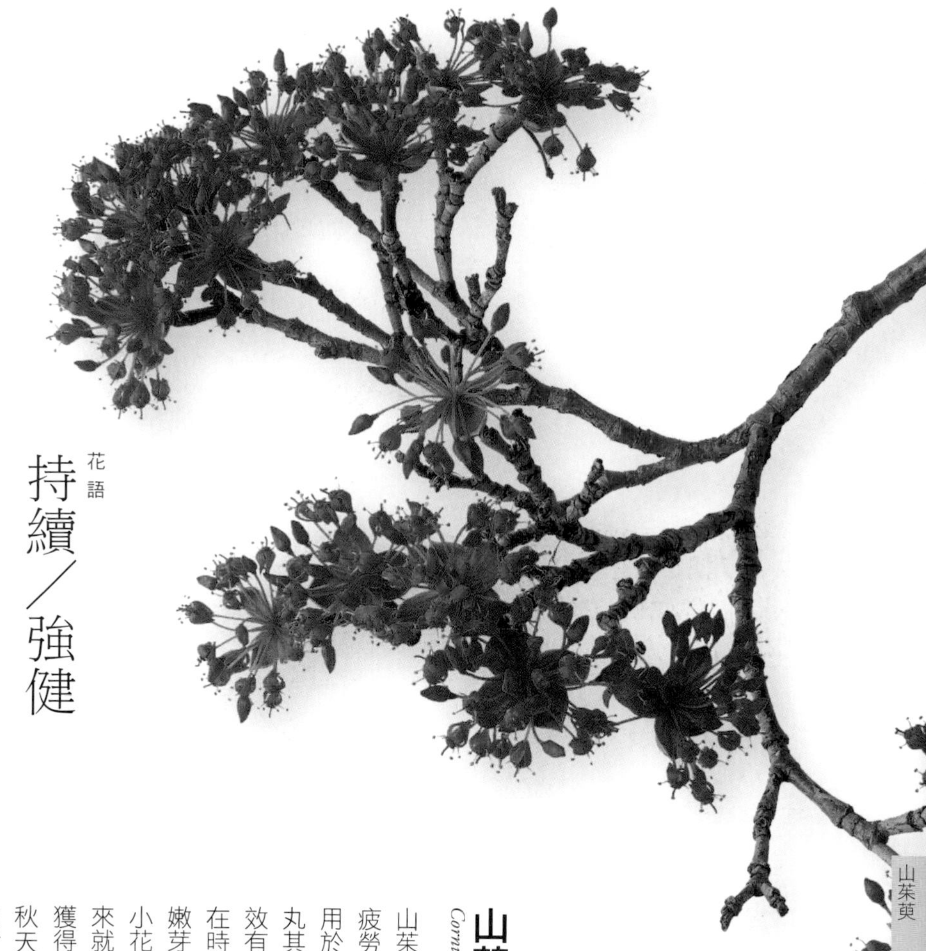

花語
持續／強健

山茱萸　山茱萸

Cornus fruit　Japanese cornel

山茱萸果實是具有滋養強壯、消除疲勞等功效的中藥藥材而出名，可用於釀成藥酒、也是漢方八味地黃丸其中一味藥材，花語也是與其功效有關。

在時序進入春天的時候，樹葉冒出嫩芽前會先開出花朵，可愛的黃色小花佔據著滿滿的枝頭，模樣看起來就彷彿閃閃發光的黃金，因此又獲得了「春黃金花」的別稱，等到秋天到來之際，類似胡頹子（茱萸）的漿果會熟透如同珊瑚般火紅，所以也被稱做是「秋珊瑚」。

Flower Data

分類	山茱萸科 山茱萸屬
原產地	中國、朝鮮半島
日文別名	春黃金花、秋珊瑚、野春桂
上市時期	1～11月
開花季節	春季
花期	1星期左右
生日花	1/18、2/12、3/17

宮燈百合

Sandersonia　Christmas bells

宮燈百合是在19世紀的南非、由墾荒者發現的一款花卉，花名是依照發現它的植物學家、約翰・桑德森的名字John Sanderson來命名，「思鄉」、「祈禱」的花語是從這些墾荒移民們思念祖國、祈禱任務成功的心情而來，至於英文名稱則是因為花朵模樣像是圓滾滾的鈴鐺，而且在南非是12月左右開花，所以被稱為「聖誕鈴Christmas bells」，並且依據這個意義獲得了「好消息」的花語。

花語
思鄉
祈禱
好消息

Flower Data

分類　秋水仙科　宮燈百合屬
原產地　南非
日文別名　提灯百合、Christmas bells（聖誕鈴）、Chinese lantern lily（中國宮燈百合）
上市時期　整年
開花季節　夏季
花期　7～10天
生日花　5/15、9/19、12/24

仙丹花 山丹花

Chinese ixora

做為沖繩三大名花之一的仙丹花，是知名度非常高的一款花卉，在原產地以及沖繩等氣候溫暖地區裡，一年能夠開花3次所以獲得了「熱情」的花語，屬名的龍船花屬（ixora）是源自於梵語中、代表著印度教最崇高濕婆神的「Iswara」一詞，因為仙丹花是專門供奉給濕婆神的鮮花而成為屬名由來，「神明的禮物」的花語也是從這裡衍生出來。

花語

神明的禮物
熱情

Flower Data

分類	茜草科 仙丹花屬（龍船花屬）
原產地	中國南部～馬來半島
日文別名	三段花、Ixora（龍船花）
上市時期	3～10月
開花季節	夏季
花期	1星期
生日花	5/5、7/25、12/6

茵芋

Skimmia

秋天結出小小如同大頭針頂部的紅色花苞後，就會保持著這樣的模樣一直到隔年後，接著當春天降臨時才會依序開出潔白小花，散發著淡淡的甜美花香，茵芋的花語「清純」，或許就是來自於花朵本身惹人憐愛的氣質。茵芋的日文名稱Shikimia，源於一年四季都很迷人而取為「四季美」，也因為不分季節都會冒出綠芽而稱做「四季芽」，還有遭到謠言誤傳的「毒果」等等，說法相當多種。

Flower Data

分類	芸香科 茵芋屬
原產地	日本、朝鮮半島、中國
日文別名	深山樒、Shikimia（四季美）、Christmas Shikimia（耶誕茵芋）
上市時期	整年
開花季節	春季
花期	7～10 天左右
生日花	1/24、10/31

花語

清純／寬大

仙客來

Cyclamen　Sow bread

翻轉朝上伸展的花瓣就如同篝火火焰一樣，因此仙客來還有著「篝火花」的別名。

雖然仙客來給人印象是華美富麗，但花語卻是相當低調，因為依照傳說，久遠以前，所羅門王當時想將皇冠設計成花朵模樣，而與許許多多花神商量，卻都被一一拒絕，最後答應他的只有仙客來而已，而當所羅門王致上謝意時，仙客來還羞怯地低下了頭。

Flower Data

分類	報春花科 仙客來屬
原產地	地中海沿岸
日文別名	篝火花、篝火草、豚の饅頭
上市時期	11 ～ 3 月
開花季節	冬季
花期	5 ～ 7 天
生日花	1/8、1/14、12/7

花語

客氣

清純［白］

害羞［粉紅］

嫉妒［紅］

Flower Data

分類	牡丹科 牡丹屬
原產地	中國、蒙古、朝鮮半島北部
日文別名	Ebisukusa（夷草）、Peony（芍藥）
上市時期	3～7月
開花季節	春季
花期	4～7天
生日花	5/2、5/18、7/24

花語

謙虛

羞澀［粉紅］

幸福的婚姻［白］

誠實［紅］

芍藥 芍藥

Paeonia lactiflora *Chinese peony*

依照具有「姿態婀娜柔美」意思的「綽約」一詞，而被冠上花名的芍藥，也是美麗女子代名詞的一款花卉，儘管本身帶有引人矚目又華麗的氛圍，但是花語卻與其形象略有不同，這是因為芍藥在日落以後，花朵就會閉合的習性而來。芍藥的根具有鎮痛、遏制痙攣以及促進血液循環的效果，被使用在許許多多的中藥配方裡。

花語

惹人憐愛
感官感受
柔和〔白〕
優美〔黃〕

茉莉花
Jasmine

茉莉花的花名來自於波斯語「神明的禮物」，最大特色就是擁有著被譽為香氣之王的優雅甜美花香，也是知名的香水、精油原料，需要數量非常龐大的花朵，才能夠粹取出極少的茉莉精油，而且為了配合它夜半開花、天亮前香氣最為濃郁的習性，採花作業需要在清晨時進行。純白雅致的美麗花朵獲得了「惹人憐愛」、「優美」的花語，而芬芳迷人的香氣，則是賦予了「感官感受」的花語。

Flower Data

分類	木樨科 素馨屬
原產地	亞洲、非洲熱帶・亞熱帶
日文別名	素馨、茉莉花
上市時期	3～6月
開花季節	春季
花期	3～5天
生日花	4/3、6/8、11/27

高雪輪

Silene Catchfly

隸屬於蠅子草屬的花朵，大多數在花的下方或花莖處，都會分泌出黏液，看起來的模樣，就像是酒神巴克斯的養父西連恩（Silene），在喝醉酒時嘴巴冒出酒泡的模樣，所以才會被冠上這樣的花名。

同時也因為昆蟲落在花上時，會因為黏液而動彈不得，讓高雪輪在日本也擁有「捕蟲瞿麥」、「捕蟲花」的名稱，而這個特性還讓高雪輪擁有如「依戀」、「執著」、「陷阱」等等，稍微帶有負面形象的花語。

花語

青春的氣息
依戀

Flower Data

分類	石竹科 蠅子草屬
原產地	歐洲中南部
日文別名	虫捕撫子、虫捕花、小町草
上市時期	整年
開花季節	春季～夏季
花期	3～7天
生日花	4/16、5/9、7/28

白三葉草 白詰草

Clover　White clover

據傳在西元432年，為了傳教來到了愛爾蘭的聖派翠克，使用白三葉草來解釋何謂三位一體，並以此大大地推廣基督教信仰，之後白三葉草也成為愛爾蘭的國花，並且每一年在聖派翠克忌日的「聖派翠克節」這一天，還衍生出在胸前插上三葉草的風俗，「約定」的這個花語應該就是由此得來。「白詰草」的日本名稱是源自於江戶時代，當時為了保護從荷蘭遠渡重洋而來的玻璃工藝品，裝填的防撞材料用的就是這種白三葉草，也因此得名。

Flower Data

分類　豆科 三葉草屬
原產地　歐洲
日文別名　Clover（三葉草）、詰草、荷蘭紫雲英
上市時期　5～9月
開花季節　春季～夏季
花期　1星期
生日花　3/3、6/17、8/29、8/31

花語
想著我
幸運／約定

東亞蘭

Cymbidium　Cymbidium orchid

東亞蘭在日本是最受人喜愛的洋蘭中的一種，加上花期相當長，與蝴蝶蘭同時都是人氣很高的贈禮用盆花選項。而散發高雅氣質的花朵模樣，讓花語的「高貴美人」、「無修飾的心」、「樸素」，都符合了東亞蘭在蘭科植物中，擁有許多令人愉悅的淺色色澤特點。

英語花名的「Cymbidium」是以希臘文的「船的形狀」為語源，原因就在於東亞蘭的花瓣形狀。

Flower Data

分類　蘭科 蕙蘭屬
原產地　東南亞、南亞、大洋洲
日文別名　虎頭蘭、霓裳蘭、Cymbidium（蕙蘭）
上市時期　整年
開花季節　冬季～春季
花期　2 星期～1 個月
生日花　12/5（白）、12/13（粉紅）、12/18

花語

無修飾的心／樸素／高貴美人

深閨美人［白］　誠實的愛情［黃］

優雅女子［粉紅］　野心［黃綠］

東亞蘭

雪果

Snowberry

初夏時節的雪果，會開出如同嬌小版鈴蘭般的粉色可愛花朵，在進入到秋季以後，再結成散發白色珠光的果實，而且因為果實就像是一整串的念珠，所以花名也是依照具有「成串的果實」意思的希臘文而來，無論是日文還是英文名稱，也是因其白雪般可愛外觀而冠上「雪晃木」、「雪果Snow berry」名稱。即使是在萬物蕭條的冬季裡，依舊擁有中、長的觀賞期，因此一般比起花朵欣賞，栽種的重點都會放在讓雪果結出果實上。

花語
永遠奉獻

雪果（果實）

Flower Data

分類	忍冬科 毛核木屬
原產地	北美
日文別名	Snow berry（雪果）、雪晃木
上市時期	8～11月
開花季節	秋季～冬季
觀果期	10天～2星期
生日花	9/6、10/23、10/25

花語

溫柔的回憶

新生活

像蝴蝶般飛舞

香豌豆
Sweet pea

散發著幽微甜香的香豌豆是豆科花卉（Sweet pea），在歐洲都會拿來做為妝點臥室的鮮花選擇。最原始的香豌豆花朵極小且只有淺紫色，從19世紀起隨著品種的改良，豐富繽紛的花色以及充滿皺褶的花瓣，讓它頓時受歡迎起來，花語或許就是從其洋溢春天溫柔氣息以及花瓣形狀而來。到了20世紀，因為英國王妃對香豌豆的喜愛，而經常出現在各種典禮活動上，進而推廣到了全世界。

Flower Data

分類	豆科 香豌豆屬
原產地	義大利 · 西西里島
日本別名	麝香連理草、麝香豌豆
上市時期	11 ～ 4 月
開花季節	春季～初夏
花期	5 天左右
生日花	3/20、3/30、6/9

水仙 水仙

Narcissus

水仙屬名的Narcissus是依照希臘神話中，因為過度迷戀自己投映在水中模樣的美少年、納西瑟斯之名而來，花語的「自戀」當然也就是從這一段故事獲得。

另外也還有一說認為，水仙語源是來自於帶有「麻痺」、「昏睡」等意義的希臘文「narke」一詞，這是因為整株水仙花都有毒性，特別是球根毒性最強，而成為名稱由來。在日本，從中國傳入的水仙品種，早在本州以南都已經在地馴化，特別是在越前海岸等地群生的水仙美景最為知名。

花語

自戀

神秘〔白〕

回到我的身邊〔黃〕

優雅的女性〔粉紅〕

尊敬〔黃水仙〕

Flower Data

分類	石蒜科 水仙屬
原產地	地中海沿岸
日本別名	日本寒水仙、雪中花
上市時期	10～6月
開花季節	冬季～春季
花期	3～7天
生日花	1/3（白）、1/4（白、黃）、1/13（白）

Column

花與星座 I

牡羊座～處女座，各別的星座花以及花語介紹。

牡羊座 *Aries*

3/21 ～ 4/19

非洲菊

希望
總是積極 ［紅］

巨蟹座 *Cancer*

6/22 ～ 7/22

洋桔梗

清新
美麗
希望 ［深紫］

金牛座 *Taurus*

4/20 ～ 5/20

百合水仙

對未來的憧憬
持續

獅子座 *Leo*

7/23 ～ 8/22

火焰百合

光榮
勇敢

雙子座 *Gemini*

5/21 ～ 6/21

玫瑰

愛
美

處女座 *Virgo*

8/23 ～ 9/22

百合

純潔
清白

花語

情趣

松蟲草

Scabiosa　Egyptian rose

「松蟲草Scabious」在拉丁文中有「疥癬」的意思，是因為這款花朵能夠治療傳染疾病而來。而只能在日本才能看得到的「松蟲草」雖然是同一個屬，但是一般會以Scabious之名流通於花市裡的，大多數都是由海外進口、稱為「西洋松蟲草」的品種（照片），在國外通常會對紫色花朵冠上悲傷的花語，松蟲草也一樣擁有著「寡婦」、「喪失」等等的花語。

Flower Data

分類	忍冬科 藍盆花屬
原產地	日本、亞洲、南歐
日本別名	松虫草、西洋松虫草
上市時期	整年
開花季節	夏季
花期	5～7天
生日花	4/26、6/30、7/30

花語

我能取悅你

醋栗

Currant　Gooseberry

在日本的野外大自然裡，能夠找得到如「闊葉醋栗Ribes latifolium」等的不同醋栗品種，因為會結出帶有酸味的圓形果實，所以也被日本取名為帶有著「酸酸的栗子（圓形果實）」意思的「酸塊」。成熟的醋栗果實會被製作成果醬，而這也是「我能取悅你」的花語由來。

依照果實大小、結果方式到顏色等等，醋栗分為好幾個不同品種，不過一般在花店裡會出現的品種，都是在初夏時節結出紅色漿果的「紅醋栗」。

醋栗（果實）

Flower Data

分類	醋栗科 醋栗屬
原產地	歐洲
日本別名	西洋酸塊、房酸塊、Gooseberry（鵝莓）
上市時期	5～8月
開花季節	夏季
觀果期	7～10天
生日花	7/7、8/28

Flower Data

分類	天門冬科 鈴蘭屬
原產地	歐洲、東亞、日本
日本別名	君影草、谷間の姫百合
上市時期	1～6月
開花季節	春季
花期	3～5天
生日花	5/1、5/5

花語

幸福
純粹／純潔

鈴蘭 鈴蘭

Lily of the valley

彷彿小巧鈴鐺成串一起開花般的鈴蘭，是非常可愛的花朵，並且加上香氣非常誘人，在法語就依照「麝香（Musc）」名稱將之稱為「Muguet」。在歐洲從以前就將鈴蘭視為聖母瑪利亞之花，也因此讓花語連結上了「純潔」、「純粹」，在法國更相信5月1日贈送鈴蘭花能帶來幸福，所以每當在接近這個日子的時候，街頭到處都能看得到販售鈴蘭花束的攤販。

星辰花

Statice　Limonium

星辰花看起來像花朵的部分其實是苞片，有如刷子一般的獨特花型讓它因此出名，最近在花市裡也能夠看得到有細碎分杈小枝、而苞片非常大型的新品種。不僅本身具備沙沙的紙一樣的觸感，做成乾燥花也不會褪色，依舊保有原來的美麗模樣，所以賦予了「不變的心」、「持久不變」等花語。星辰花的英語花名Statice是相當古老的學名，由來就是因為能夠用來做成止瀉草藥，而使用了希臘文的「statizo（停止）」來命名。

花語

不變的心

端莊［紫］

持久不變［粉紅］

Flower Data

分類　藍雪科 補血草屬

原產地　歐洲、地中海沿岸

日本別名　花浜匙、庭火花、Statice（星辰花）、Limonium（星辰花）

上市時期　整年

開花季節　夏季

花期　10天～2星期

生日花　5/7、11/11、11/19

花語

永恆的美

永遠的愛的羈絆

相信我［紅］

豐富的愛情［粉紅］

大方的愛情［紫］

寂寞的戀情［黃］

暗戀［白］

Flower Data

分類	十字花科 紫羅蘭屬
原產地	南歐
日本別名	紫羅欄花
上市時期	10 ～ 5 月
開花季節	春季
花期	5 ～ 7 天
生日花	1/10、3/5（單瓣花型）、5/6、7/16、12/31（重瓣花型）

紫羅蘭

Brampton stock　Common stock

紫羅蘭在古希臘年代，已經被視為是草藥的一種而進行栽種，因為花莖較粗且筆直生長，所以花朵的英文名稱就以帶有植莖、樹幹意味的「stock」來命名，「永恆的美」的花語則是源於紫羅蘭花期長，香氣又十分悠遠的緣故。相傳在中世紀的法國，男性只要在帽子裡放入一朵紫羅蘭，就代表著「一心一意」的意思，因此也成為了象徵「永遠的愛的羈絆」的一款花。

Flower Data

分類　旅人蕉科 天堂鳥科（鶴望蘭屬）
原產地　南非
日本別名　極楽鳥花、Bird of paradise（天堂鳥）、Reginae（鶴望蘭）
上市時期　整年
開花季節　不定期開花
花期　1～2星期
生日花　11/23、12/16

花語

做作的戀情
閃耀的未來

天堂鳥

Strelitzia　Bird of paradise

散發南洋風情的鮮豔花色，加上如同展翅飛鳥的獨特造型，讓天堂鳥在日本還擁有「極樂鳥花」的稱號；而「做作的戀情」的花語，則是因為花朵抬頭挺胸向上的模樣而來。天堂鳥還有一個非常有趣的特性，就是單一花苞能夠多次開花，讓賞花的時間因此變得更長。另外也因為華麗的配色以及擁有好兆頭的「極樂」之名，天堂鳥在日本是非常有人氣的新年正月花卉。

花語

閃閃發光的愛
點亮心火
簡樸的可愛

絳紅三葉草
Strawberry candle　Crimson Clover

大紅色花穗彷彿成熟的草莓，也像是蠟燭的火焰，因此絳紅三葉草的英文名字取名為Strawberry candle，並且也以蠟燭為印象賦予了「閃閃發光的愛」、「點亮心火」等花語。絳紅三葉草與白三葉草屬於同一類，因此在日本也擁有著「紅花詰草」的名稱，不過傳入日本是在明治時代，做為家畜飼料的牧草被引進，而其樣貌像是鄉間野花般的純樸，也獲得了「簡樸的可愛」的花語。

Flower Data

分類	豆科 三葉草屬
原產地	歐洲、西亞
日本別名	紅花詰草、Crimson clover（紅菽草）、Red clover（紅三葉草）
上市時期	11～6月
開花季節	春季～初夏
花期	7～10天
生日花	3/9、4/20、5/8

Flower Data

分類	石蒜科 雪片蓮屬
原產地	歐洲中南部
日本別名	大待雪草、鈴蘭水仙
上市時期	4～5月
開花季節	春季
花期	5天左右
生日花	1/28、4/16、12/19

花語

純粹純真的心

夏雪片蓮

Summer snowflake　Loddon lily

夏雪片蓮的英文名稱翻譯成中文就是「雪片」，名字十分纖細柔美的一款花朵，而且低垂的潔白花瓣末端帶著綠色斑點，可愛的模樣也因此更加地顯眼，所以成為了花語的由來，也因為在原產地歐洲，夏雪片蓮都在初夏時節綻放，也會被稱為「Summer snowflake」。由於葉子模樣類似水仙，花朵則像是鈴蘭，夏雪片蓮在日本還有著「鈴蘭水仙」的別名。

花語

愛開玩笑
無比期待

Flower Data

分類 五福花科 莢蒾屬
原產地 歐洲、北非
日本別名 西洋手毬肝木、Viburnum（莢蒾）、Viburnum snowball（歐洲雪球）
上市時期 3～12月
開花季節 春季
花期 5～7天左右
生日花 3/6、7/27

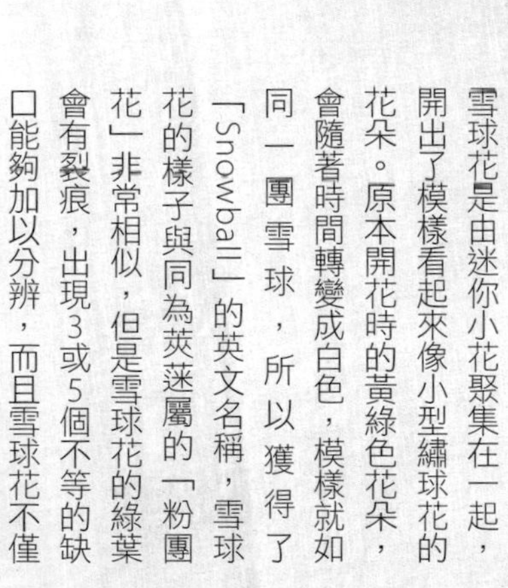

雪球花

Snowball Arrowwood

雪球花是由迷你小花聚集在一起，開出了模樣看起來像小型繡球花的花朵。原本開花時的黃綠色花朵，會隨著時間轉變成白色，模樣就如同一團雪球，所以獲得了「Snowball」的英文名稱，雪球花的樣子與同為莢蒾屬的「粉團花」非常相似，但是雪球花的綠葉會有裂痕，出現3或5個不等的缺口能夠加以分辨，而且雪球花不僅僅是春季的花卉，到了秋天時還會結出果實，一樣具有觀賞價值。

花語

聰明
短暫的青春

煙霧樹

Smoke tree　Smoke bus

煙霧樹在初夏季節開過花以後，就會變成為蓬鬆如同棉花糖般的模樣，遠遠望去像是被煙霧籠罩一樣，所以取名為「煙霧樹Smoke tree」，只有雄蕊不會變成煙霧狀，但是隨著季節出現的綠芽、紅葉還有落葉等等變化，都很值得細細觀賞，花語的「聰明」就是從「將對方捲進煙霧中」聯想而來，至於「短暫的青春」則是將煙霧比喻為轉瞬即逝的青春。

Flower Data

分類	漆樹科 黃櫨屬
原產地	歐洲、喜馬拉雅、中國
日本別名	白熊木、霞の木、煙の木
上市時期	5～11月
開花季節	夏季
花期	10天～2星期
生日花	4/28、6/18、11/25

天竺葵

Geranium　Pelargonium

天竺葵的屬名Pelargonium是跟據有著「東方白鶴」意思的希臘文而來，這是因為天竺葵的果實，模樣與東方白鶴的嘴喙非常相像而得名。葉子會依照品種而有不同模樣，但擁有著獨特香氣而且不受蚊蟲喜愛，所以歐洲都使用天竺葵來驅蟲，之後更被視為能夠驅魔除厄的護身符，有著擺放在窗邊的風俗。「信賴」、「有你很幸福」的花語，就是來自於這樣的花朵特性而得。

Flower Data

分類	牻牛兒苗科 天竺葵屬
原產地	南非
日本別名	天竺葵、Geranium（天竺葵）、Pelargonium（天竺葵）
上市時期	4～6月、9～11月
開花季節	春季、秋季
花期	3～7天
生日花	5/26、6/28、10/12

花語

尊敬／信賴

決心［粉紅］

有你很幸福［紅］

意外的相遇［黃］

天竺葵

新娘花
Brushing-bride

當蓬鬆毛絮開始從花苞中顯露，之後整個膨脹開來就是新娘花的真正綻放，而層層疊疊如同花瓣一樣的部分則是苞片，原本還是奶油色的苞片，在隨著花開逐漸渲染成粉紅色的模樣，完全符合新娘花的英文名稱「Blushing bride（臉紅的新娘）」，也成為非常高人氣的婚禮鮮花，至於花語「隱約的思慕」、「可愛的心」也都是根據花朵模樣而來。

Flower Data

分類	山龍眼科 瑟露花屬
原產地	南非
別名	Blushing bride（紅粉新娘）
上市時期	整年
開花季節	春季～初夏
花期	5～7天
生日花	7/9、11/16

花語

隱約的思慕

可愛的心

千日紅 千日紅

Globe amaranth　Gomphrena

因為花開後比能夠持續一百天的「百日紅」更長久，所以獲得了千日紅的名稱。嬌小球狀的花朵簡單而可愛，但這個球狀部分其實不是花而是苞片聚集形成，即使做成了乾燥花也不會褪色，因此花語也是由此而來。在日本，千日紅長久以來都是做為禮佛供奉的鮮花選擇，在歐洲除了會做成乾燥花、當作室內擺飾妝點以外，據說也有在造訪墓園時獻上千日紅花束的習慣。

Flower Data

分類	莧科 千日紅屬
原產地	熱帶美洲、南亞
日本別名	千日草
上市時期	7～10月
開花季節	夏季～秋季
花期	5～10天
生日花	8/26、9/22、12/23

花語

不變的愛
不朽

花語
財富有天分

草珊瑚 千両
Japanese Sarcandra Sarcandra

做為在寒冷冬天裡、會長出鮮綠葉片以及紅色漿果的喜慶植物，草珊瑚在日本可說是新年正月不可或缺的角色之一，花語也都是與好兆頭相關的詞彙。直到江戶時代為止都被稱為「仙寥花」，但因為結出來的紅色果實比起「萬兩（硃砂根）」要來得少，所以就被取名為「千兩」，兩種漿果植物雖然長得非常相像，但是萬兩的果實會結在葉子下方，而千兩的特色則是果實會選擇結在較大葉片的上方。

Flower Data

分類	金粟蘭科 草珊瑚屬
原產地	東亞溫帶～熱帶
日本別名	仙寥花、草珊瑚、仙霊草
上市時期	12～1月
開花季節	冬季
觀果期	1個月左右
生日花	1/3、1/11、12/17、12/28

花語
暗戀

藍花茄
Blue potato bush

藍花茄只要將花苗種下以後，就會以橫向方式擴張生長，從春天一直到晚秋之際，都會持續不斷地開出紫色小花。花語的「暗戀」，就是來自於花瓣中心會出現深紫藍星星形狀而得。藍花茄的葉片雖然都是濃綠色澤，不過市面上常常可以看到帶有亮色斑紋的品種，最新的植物分類，已經將藍花茄劃分為紅絲線屬，但是一般都還是按照過去的「Solanum」名字來稱呼它。

Flower Data

分類	茄科 茄屬
原產地	阿根廷、巴拉圭
日本別名	紫宝華、茄子木、花茄子
上市時期	6～9月（盆花）
開花季節	夏季～秋季
花期	5～10天
生日花	8/29

花語

留意

鼓勵

一枝黃花

Goldenrod

這是屬於秋天開花的加拿大一枝黃花觀賞品種，長長的花莖頂端開出了泡泡一般的黃色小花，無論與哪一種花材都能夠完美搭配，成為了非常好運用的花藝配角、人氣非常高。在歐洲，從過去就會將一枝黃花屬的花卉當作藥草使用，也因為葉子、花朵都長有細膩絨毛，用來保護花朵防止蜜蜂過度擷取花蜜，所以一枝黃花也被視為「能防止災難」的象徵，而獲得了「留意」的花語。

Flower Data

分類　菊科　一枝黃花屬
原產地　北美
日本別名　秋の麒麟草、秋の黃輪草、大泡立草
上市時期　整年
開花季節　夏季～秋季
花期　5～7天左右
生日花　8/13、10/19

花語

華麗／氣質／見異思遷

大理花

Dahlia

自18世紀從歐洲傳入到日本以來，就孕育出各式各樣不同的新品種，並以其華麗又迷人的姿態而被稱為「花中女王」，也因是拿破崙的皇后約瑟芬所喜愛的花朵而出名。她以能夠收集到稀有大理花品種而自豪，但卻被一名貴族偷走球根，並種植於自家庭園裡讓它開花，獲悉此事的約瑟芬因此不再喜愛大理花，而這段故事也成為了「見異思遷」的花語由來。

Flower Data

分類	菊科 大麗菊屬
原產地	墨西哥、瓜地馬拉
日本別名	天竺牡丹
上市時期	整年
開花季節	夏季～秋季
花期	2～5天
生日花	6/5、7/29、8/17、9/15

花語
危險的快樂

Flower Data

分類 天門冬科 晚香玉屬
原產地 墨西哥
日本別名 月下香
上市時期 8～9月
開花季節 夏季
花期 5～7天
生日花 1/29、6/16

晚香玉

Tuberose

雖然說晚香玉的原生地被認為是墨西哥，但是一直沒有發現到原生種，所以是一種無法確定原生地的神秘花卉。越到夜晚香氣越發濃郁，特別是在月夜時，晚香玉會散發濃烈而甜美的香氣直到清晨，所以又擁有著「月下香」的別稱。馬來西亞、印度還將晚香玉稱為「夜之女王」，並且從這充滿異國情調的香氣形象，誕生出「危險的快樂」的花語。

Flower Data

分類　百合科 鬱金香屬
原產地　中亞、北非
日本別名　鬱金香
上市時期　11～5月
開花季節　春季
花期　5天左右
生日花　2/15（鸚鵡花型）、3/4（紅）、4/16、5/17（黃）、12/15

鬱金香

Tulip

荷蘭流傳著一段關於鬱金香的傳説，曾經有三名騎士分別拿出皇冠、寶劍以及黃金三樣傳家寶，要向一名少女求婚，只是少女誰都沒有選，而是請花神芙羅拉將她變成了一朵鬱金香，於是皇冠成為了花朵，寶劍是葉子，黃金則變成球根，同時還根據這個傳説，成為了「博愛」、「體貼」的花語由來。

花語

博愛／體貼

愛的告白 [紅]
無望的愛情 [黃]
失去的愛 [白]
無盡的愛 [紫]
愛的萌芽 [粉紅]
永遠的愛情 [橘]

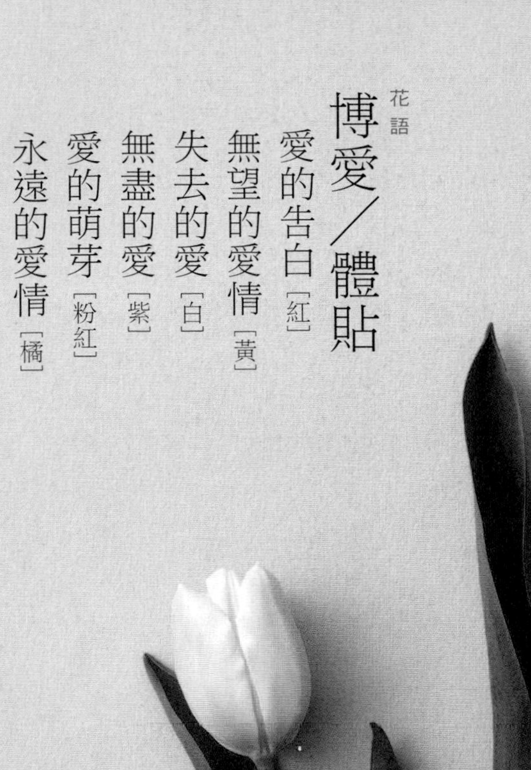

巧克力波斯菊

Chocolate Cosmos

就跟花名一模一樣，巧克力波斯菊散發著巧克力般的香氣以及濃郁花色。屬於波斯菊的一種，原生於墨西哥，不過野生的原生種已經絕種，目前在花市裡看得到的「Chocolat」、「Caramel Chocolate」等，擁有甜點名稱的巧克力波斯菊，都是交配而得的品種。巧克力波斯菊擁有類似巧克力的香氣，是因為花朵具有香草精成分，而花語的「戀情的回憶」也是源於情人節的聯想。

花語

戀情的回憶
堅定不移的情感

Flower Data

分類 菊科 秋英屬
原產地 墨西哥
日本別名 Black cosmos（黑波斯菊）
上市時期 5～11月
開花季節 初夏～秋季
花期 5～7天
生日花 9/24、10/1、10/27、11/15

山茶花

Camellia

椿

山茶花是自古以來就備受人們所喜愛，代表日本花卉的其中一種。常綠葉片與紅、白兩色花朵，被視為具有辟邪能力，因此在平安時代就已經認定是招福・長壽・好兆頭的花樹，18世紀傳入到歐洲時，更以其端莊之美獲得貴族女仕們的喜愛，除了暱稱為「日本的玫瑰」，並且以日本固有種的藪椿（野山茶）、雪椿（寒山茶）為基礎，培育出許多不同的園藝品種。「低調的美好」的花語，則是來自於山茶花本身並沒有香氣的緣故。

花語

低調的美好

樸實無華的魅力［紅］

理想的愛［白］

低調的愛［粉紅］

山茶花

Flower Data

分類	山茶科 山茶屬
原產地	日本、台灣、朝鮮半島南部、中國
日本別名	藪椿、山椿
上市時期	12～5月
開花季節	冬季～春季
花期	3～7天
生日花	1/1（白）、1/2（紅）、1/25（白）、1/27（紅）

花語
開運
大器晚成

南蛇藤 蔓梅擬

Oriental bittersweet　Asian bittersweet

南蛇藤從晚春到初夏之際會開出小花朵，到了秋天就會結出成串小巧果實，等到成熟變成黃色以後果皮會裂成3片，顯露出裡面的紅色種子，花語的「開運」就是源於黃色果實破裂後有紅色種子出現，而「大器晚成」則是因為從開花到果實成熟為止的期間非常漫長而得來。南蛇藤的黃色果實、紅色種子以及迸裂果皮的組合格外迷人，成為耶誕節、新年正月之際，非常受歡迎的裝飾植物。

Flower Data

分類	衛矛科 南蛇藤屬
原產地	庫頁島、中國
日本別名	蔓擬
上市時期	10～12月（果實）
開花季節	秋季
觀果期	1星期
生日花	11/10、12/14

Flower Data

分類 石蒜科 紫嬌花屬
原產地 南非
日本別名 琉璃二文字、Society garlic（紫嬌花）、Tulbaghia（紫瓣花）
上市時期 12～5月
開花季節 春季
花期 5～7天
生日花 1/13、1/30、11/28

紫嬌花

Society garlic　Sweet garlic

具有高雅甜香且呈現星星形狀的紫嬌花，朝著四面八方散發「穩重的魅力」，如果折斷花枝還會有微微的蒜味，因此過去在日本會將紫嬌花稱為「琉璃二文字」（所謂的「二文字」，是來自於古代服務於皇宮中女性的特殊用語，例如她們會將ニラ（韭菜）寫成「爾良」這兩個漢字）。帶有甜香的花朵與不為人知的臭味，讓紫嬌花還擁有「小小的背叛」的花語。

花語

穩重的魅力
餘香

花語
清明／高貴

大飛燕草

Delphinium　Larkspur

擁有深淺不一、各式各樣迷人漂亮藍色花色的大飛燕草，被賦予了「清明」、「高貴」的花語，以符合其清爽蔚藍形象，而且因為大飛燕草在歐美都正好恰逢六月新娘季節開花，依照新娘身上只要配戴藍色物品、就能獲得幸福的「Something Blue」傳說，而成為了非常受歡迎的新娘花朵。由於花朵模樣就像是燕子高飛的身影，所以冠上「大飛燕草」的名稱。

Flower Data

分類	毛茛科 翠雀屬
原產地	歐洲、北美、熱帶非洲山區、亞洲
日本別名	大飛燕草、Delphinium（翠雀）
上市時期	整年
開花季節	初夏
花期	3～7天
生日花	4/14（美女翠雀品種）、5/20、11/14（太平洋巨人品種）

花語

相配的兩個人

石斛蘭

Dendrobium

石斛蘭的正式名稱是Dendrobium Phalaenopsis，與花朵形狀非常相似的蝴蝶蘭屬名一樣，被冠上了「Phalaenopsis」之名；而「Dendrobium」是意指「樹木」與「生命．生活」的希臘文，因為這個屬的植物都會攀爬在樹木上生長而得。從花語的「相配的兩個人」就能夠看得出來，石斛蘭不寄生於樹木，而是彼此互相一同成長的共生關係。

Flower Data

分類	蘭科 石斛屬
原產地	東南亞、大洋洲
日本別名	Dendrobium（石斛蘭）、Dendro（石斛蘭）
上市時期	整年
開花季節	夏季
花期	7～10天
生日花	1/20、4/27、11/13、12/12

日本吊鐘花 灯台躑躅・滿天星

Enkianthus Dodan-tsutsuji

花語 優雅

無論是新綠還是紅葉的日本吊鐘花都很迷人，同時也是極受歡迎的庭園樹木植物選項，更是能夠做為花藝搭配的葉材選擇。在日本一般自然生長於溫暖地帶的多岩石山區，比起人工栽種的品種，野生的日本吊鐘花，葉子更大而枝條更為稀疏，春天來臨時會開出潔白小巧的吊鐘型可愛花朵，屬名的Enkianthus是以希臘文的「孕婦之花」為語源，這是由圓滾滾的花朵模樣而來。

Flower Data

分類	杜鵑花科 吊鐘花屬
原產地	日本、台灣
日本別名	–
上市時期	3～12月
賞葉期	1星期
生日花	3/28、4/14

Flower Data

分類　西番蓮科 西番蓮屬
原產地　熱帶美洲、亞洲、澳洲
日本別名　梵論葛
上市時期　6～8月
開花季節　夏季
花期　1星期
生日花　6/27、7/6、7/21、8/21

花語

神聖的愛

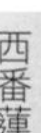

西番蓮　時計草

Passion flower

充滿個性的花朵模樣看起來就像是時鐘鐘面，所以在日本也將之稱為「時計草」。基督教相信西番蓮的雌蕊是被釘上十字架的耶穌基督，雄蕊為頭上光環，各有5片的花瓣與花萼象徵10位門徒，至於葉子則代表著槍矛，因此將西番蓮視為耶穌受難之花，以「Passion flower」來推廣教義，所以花語也就跟著與宗教信仰有所關連。

Column

花與星座 II

天秤座～雙魚座，各別的星座花以及花語介紹。

天秤座 *Libra*

9/23 ～ 10/23

波斯菊

和諧

少女的真心

摩羯座 *Capricorn*

12/22 ～ 1/19

香豌豆

溫柔的回憶

離家出走

像蝴蝶般飛舞

天蠍座 *Scorpio*

10/24 ～ 11/22

寒丁子

交流

知性魅力

水瓶座 *Aquarius*

1/20 ～ 2/18

鬱金香

博愛

體貼

射手座 *Sagittarius*

11/23 ～ 12/21

蘭花

無修飾的心

[東亞蘭]

幸福向你飛來

[蝴蝶蘭]

雙魚座 *Pisces*

2/19 ～ 3/20

小蒼蘭

深情

純潔　[紅]

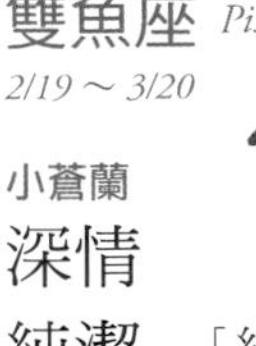

花語

忠實／信賴

為你獻上我的心

追風草

Speedwell

虎の尾

呈現穗狀開花的模樣就像是老虎尾巴，因此追風草也被稱為虎尾。而基督教還有一段關於追風草的傳說，背著十字架往各各他山行進的耶穌基督，拿了聖維羅妮卡遞上來的面紗擦臉，沒想到布巾卻印上了耶穌基督的臉，而且那時從耶穌基督額頭上不斷滴落的鮮血，就變成為追風草，花語也正是從這一段故事衍生而來。

Flower Data

分類	玄參科 婆婆納屬
原產地	歐洲
日本別名	瑠璃虎の尾、 Veronica（細葉婆婆納）
上市時期	6～9月
開花季節	夏季
花期	5～7天
生日花	6/20、7/20、8/13

花語

清新之美

說好話［白］

希望［深紫］

優美［粉紅］

洋桔梗 土耳古桔梗

Eustoma　Texas bluebell

洋桔梗原生於美國，屬於龍膽花的同類，但卻有著「土耳其桔梗」的名稱，原因就在於花朵形狀、就像是土耳其男子纏在頭上的頭巾；還有的人認為模樣長的像是桔梗，更因為花朵顏色會令人聯想到土耳其石（綠松石）等等，說法相當多。在日本經過品種改良以後，誕生出了重瓣、叢生、波浪等等，各式各樣顏色、形狀都各有特色的新品種，至於英文又稱為「Lisianthus」，這是洋桔梗的過去舊屬名。

Flower Data

分類	龍膽科 洋桔梗屬
原產地	北美
日本別名	Eustoma（洋桔梗）、Lisianthus（洋桔梗）
上市時期	整年
開花季節	春季
花期	5～7天
生日花	5/29、6/28、7/12、8/18、12/16

花語

天真無邪

可愛

貞操

純粹的愛［粉紅］

純粹如燃燒般的愛［紅］

才華［白］

石竹 撫子

Pink Dianthus

石竹的花名在日本稱為撫子，來自於它「小巧又可愛，讓人忍不住想撫摸」的模樣；另外還有一個別名「大和撫子」則寓意著秀麗的日本女子，這都是為了與從中國傳入、且為同一屬的「石竹（唐撫子）」做區別而如此命名。至於英文名稱則是「Pink」，使用顏色的「粉紅色」命名，則是源於石竹的花朵顏色，花語的「天真無邪」就是從可愛的花朵模樣得來。

Flower Data

分類	石竹科 石竹屬
原產地	歐洲、北美、亞洲、南非
日本別名	河原撫子、大和撫子
上市時期	整年
開花季節	春季
花期	5～7天
生日花	7/14、7/22、7/28

花語
快活
豐富

Flower Data

分類	十字花科 蕓薹屬
原產地	歐洲、西亞
日本別名	花菜、菜花、菜種、油菜
上市時期	12～4月
開花季節	春季
花期	3～4天
生日花	2/6、3/7

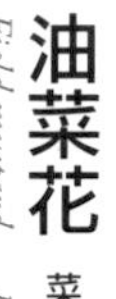

油菜花 菜の花

Field mustard　Rape blossom

春天時一整片染成金黃色澤的油菜花田，堪稱是宣告春季到來的最應景美景，被無數詩詞所歌頌，花語自然也依照這樣的形象賦予合適詞彙。油菜花據傳是在彌生時代傳入日本，因為能夠榨油做為食用油，在過去一直是日常生活中不可欠缺的重要花朵。另外油菜花在日本若是拿來食用，嫩葉會稱為「青菜」，而開出花朵的則叫做「菜花」，要是結有種子時名字又會變成為「菜種」。

南天竹 南天

Nandina Heavenly bamboo

南天竹在日本被視為「能夠轉移災難」的吉祥樹木，是非常受到人們喜愛的一種植物。日本江戶時代的百科全書《和漢三才圖會》，就有著「將南天竹栽種於庭院中，能夠避開火災」的描述，古時會為了辟邪、防止火災發生而將其種植於庭園、玄關，葉子、果實也都能夠入藥，特別是做成具有止咳效果的喉糖最為出名。南天竹在開出白花以後，葉子會漸漸染成紅色並結出赤紅果實，因此也擁有著「我的愛有增無減」這樣的花語。

花語

帶來福氣
良好家庭

Flower Data

分類 小檗科 南天竹屬
原產地 日本、中國、東南亞
日本別名 南天竹、南天燭、成天
上市時期 11～1月
開花季節 冬季
觀果期 1星期
生日花 1/9、12/8、12/29

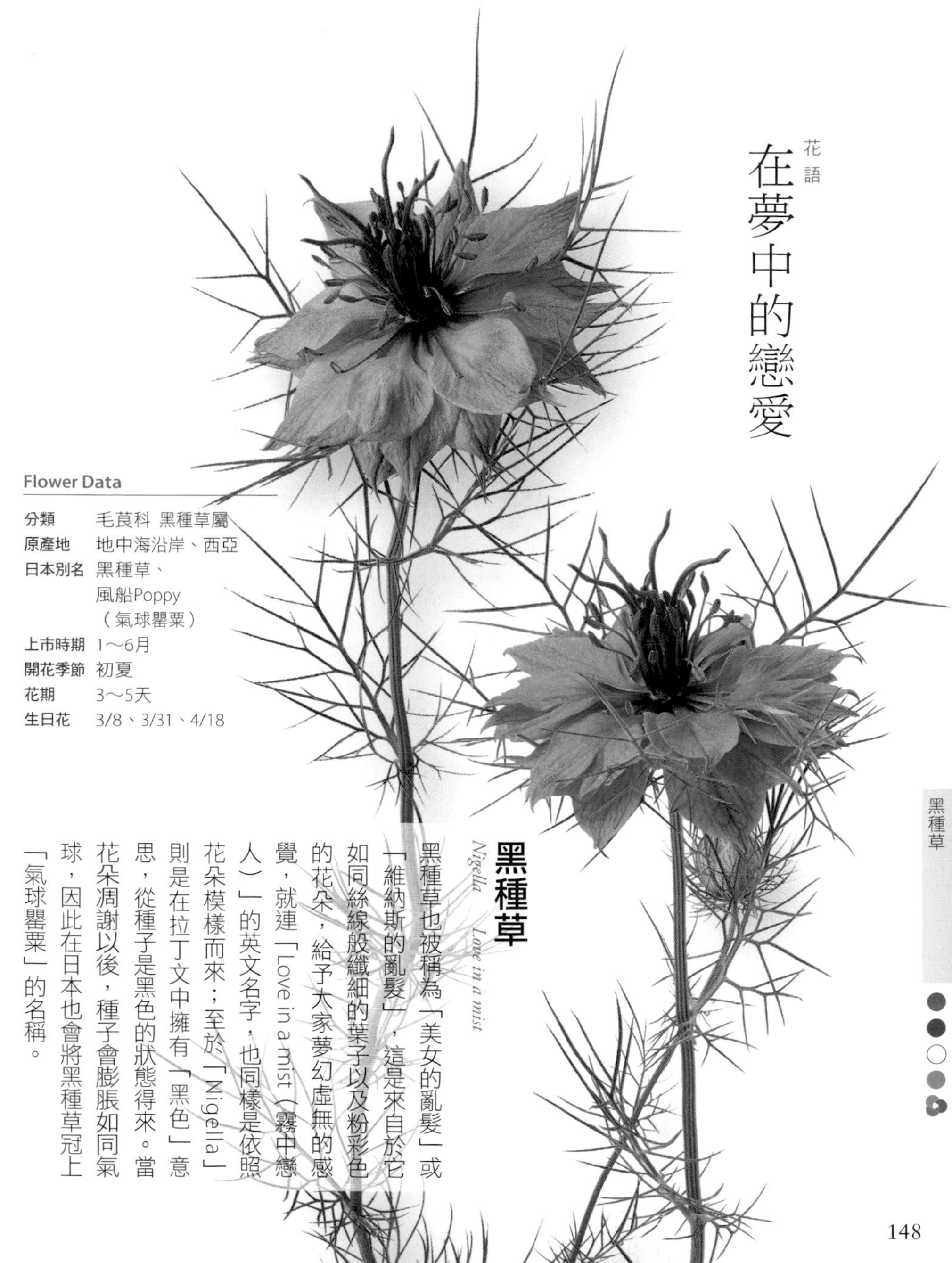

花語

在夢中的戀愛

Flower Data

分類	毛茛科 黑種草屬
原產地	地中海沿岸、西亞
日本別名	黑種草、風船Poppy（氣球罌粟）
上市時期	1～6月
開花季節	初夏
花期	3～5天
生日花	3/8、3/31、4/18

黑種草

Nigella　Love in a mist

黑種草也被稱為「美女的亂髮」或「維納斯的亂髮」，這是來自於它如同絲線般纖細的葉子以及粉彩色的花朵，給予大家夢幻虛無的感覺，就連「Love in a mist（霧中戀人）」的英文名字，也同樣是依照花朵模樣而來；至於「Nigella」則是在拉丁文中擁有「黑色」意思，從種子是黑色的狀態得來。當花朵凋謝以後，種子會膨脹如同氣球，因此在日本也會將黑種草冠上「氣球罌粟」的名稱。

納麗石蒜

Nerine　Diamond lily

納麗石蒜的花名，是根據出現在希臘神話的海中女神Nereids來命名。身為「海洋老人」Nereus的女兒，Nereids總是在海底宮殿裡載歌載舞，過著「千金小姐」的無憂無慮生活，只要看過她美麗身影的男子，人人都會想著「期待下次的相會」，納麗石蒜的花語就是從這個傳說而來。至於「Diamond lily」的英文名稱，則是因為波浪般的花瓣散發閃閃光澤，所以又稱做是鑽石百合。

花語

期待下次的相會

千金小姐

Flower Data

分類	石蒜科　石蒜屬（納麗石蒜屬）
原產地	南非
日本別名	Diamond lilly（鑽石百合）、姫彼岸花
上市時期	9～12月
開花季節	秋季～冬季
花期	5～7天
生日花	10/13、11/25

花語

熱情／熱心

刻球花

Button Bush

刻球花（小綠果）會在秋天尾端時冒出來的花苞，到了春天就會膨脹成圓球模樣，直到晚春之際才會正式開花，滿滿的圓滾滾花朵盤據在枝頭的模樣，讓人印象非常深刻，即使做成了乾燥花也一樣擁有高人氣。花名來自於創造出化學元素符號的瑞典化學家、Jöns Jacob Berzelius的名字，而他對於研究所投注的「熱情」、「熱心」，也成為了花語的由來。

Flower Data

分類	絨球花科 飾球花屬
原產地	南非
日本別名	Berzelia（絨毛飾球花）、Common button bush（刻球花）
上市時期	10～5月
開花季節	春季
花期	2～3星期
生日花	1/19

鳳梨百合
Pineapple lily

環繞著粗壯花莖來開花的花朵上方，還有著像是葉子一般的苞葉，模樣看起來就像是一顆鳳梨的植物。鳳梨百合的屬名也是根據其獨特苞葉形狀，在希臘文中具有「美麗頭髮」的意思而得，因為有著小星形花朵與常綠葉子（＝萬年青），所以在日本還獲得「星萬年青」的名稱。

「完美」、「完全」的花語，則是來自於花朵會一路開到苞葉邊緣的模樣。

花語
完美／完全

鳳梨百合

Flower Data

分類	風信子科 鳳梨百合屬
原產地	中非、南非
日文別名	星万年青、Eucomis（鳳梨百合）
上市時期	6～9月
開花季節	夏季
花期	5～7天左右
生日花	8/4

Flower Data

分類　百合科 貝母屬
原產地　中國
日文別名　編笠百合、天蓋百合
上市時期　12～5月
開花季節　春季
花期　1星期
生日花　2/24、3/21、3/29、4/25

花語

謙虛的心

貝母

Fritillary

貝母

因為球根形狀長得像雙殼貝，在原生地的中國就將它命名為「貝母」，而日本也沿用這個漢字、並以拼音稱之為「Baimo」。自古以來就是具有止咳、解熱效果的知名藥材，傳入日本據說是在江戶時代，不過在平安時代的文獻《延喜式》中就有出現過貝母的名稱。花瓣內側有著網狀花紋，而花朵微微低頭開花的模樣，也因此獲得了「謙虛的心」的花語。

初雪草

Snow on the mountain

初雪草

初雪草的花名會讓人認為是開在冬季的花朵，但其實是依據葉子的模樣來命名，因為當時序來到夏天開花的季節，從最頂端的葉子就開始出現白色鑲邊，看起來就像是堆積了白雪一樣而得名。花朵本身雖然也是白色、卻非常迷你，並不是非常的顯眼。

「祝福」的花語來自於一朵雌花會被多朵雄花圍繞，模樣就像是天然的花束一樣，所以被冠上了這樣的詞彙。

花語

祝福
安穩的生活

Flower Data

分類	大戟科 大戟屬
原產地	北美
日文別名	峰の雪
上市時期	5～10月
開花季節	夏季
花期	5天左右
生日花	8/31

花語

請接受我的思念
永恆

四照花 花水木

Flowering dogwood

做為庭園樹種或街頭路樹的四照花，屬於非常有人氣的植物。但傳入到日本的契機，其實是在明治時代做為美日親善證明，日本贈送櫻花、美國「回禮」才開始有的。而四照花對基督教來說還有一個傳說，據說四照花非常難過成為了釘上耶穌基督的十字架木料，因此耶穌基督就說了「以後不會再長成為能做十字架的大樹」，從此以後四照花樹木就變細且不再筆直，而花瓣也成為了十字架形狀，並且留下了如同鮮血般的紅色。

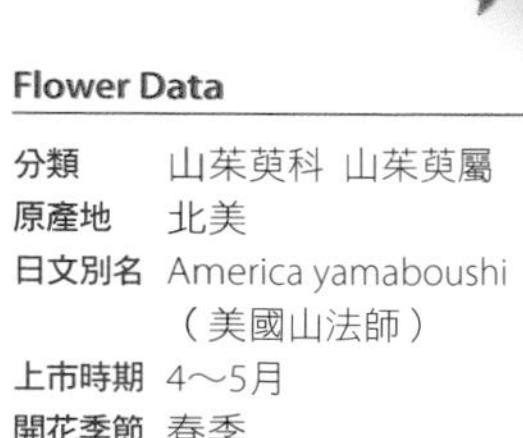

Flower Data

分類	山茱萸科 山茱萸屬
原產地	北美
日文別名	America yamaboushi（美國山法師）
上市時期	4～5月
開花季節	春季
花期	5～7天
生日花	3/18、5/9

花語
深思熟慮 優雅的打扮

Flower Data

分類	蘭科 兜蘭屬
原產地	東南亞、中國、印度
日文別名	常葉蘭、Lady's slipper（淑女拖鞋）、Slipper orchid（拖鞋蘭）
上市時期	整年
開花季節	冬季～初夏
花期	10～14天
生日花	11/8、12/28

仙履蘭

Paphiopedilum Lady's slipper

仙履蘭是一款部分花瓣變成囊袋形狀，擁有著獨一無二特色的蘭花，也是「四大洋蘭」之一，因而具有極高人氣。囊袋部分（唇瓣）看起來像是食蟲植物，但實際上並不是要用來捕捉昆蟲，而是要讓進入囊袋的昆蟲攜帶花粉，利用牠們移動到其它花朵時幫忙授粉。依據仙履蘭的外型，獲得了從希臘文「女神的拖鞋」為語源的「Paphiopedilum」名稱，英文名稱也還會稱之為「淑女拖鞋Lady's slipper」。

花語

愛／美

熱情［紅］

純潔／深深的敬意［白］

優雅／銘記在心［粉紅］

嫉妒／友情［黃］

羈絆［橘色］

平穩［綠］

玫瑰

Rose

薔薇

在希臘神話之中，愛與美的女神阿芙羅黛蒂誕生之際，是從泡沫中出現，而玫瑰則是奧林帕斯諸神，為了祝賀她的誕生而創造出來。

早在西元前2000年就已經有人工種植玫瑰的紀錄，品種可說是多得讓人眼花撩亂，而且做為愛與美的象徵，玫瑰也被稱為是「花中女王」，全世界各地都有熱愛玫瑰的人，並且擁有許許多多的花語，也是贈送親密之人時的經典選擇，因而無人不知、無人不曉。

Flower Data

分類	薔薇科 薔薇屬
原產地	北半球溫帶地區
日文別名	薔薇
上市時期	5～10月
開花季節	從初夏到初冬，有各式各樣品種盛放
花期	5～7天
生日花	1/12（黃）、2/25（麝香玫瑰）、7/4、9/26、12/11（白）

花語

勇敢的愛／愉快的孤獨心中的盔甲

佛塔樹

Banksia

無數小花緊密集合在一起，而且雌蕊突出成為圓筒狀，佛塔樹看起來的模樣就像是一把刷子，經常可以在澳洲的尤加利樹森林中發現，其中有部分品種非常特殊，在經過山林野火焚燒後，剩下的果實會爆開，讓種子因此四散落地、進而發芽。花朵名稱則是根據隨著庫克船長一起乘船環遊世界、英國的植物學家約瑟夫班克斯Joseph Banks來命名。

佛塔樹

Flower Data

分類	山龍眼科 佛塔樹屬
原產地	澳洲
日文別名	Heath Banksia（歐石楠班克木）、Banksia ericifolia（小葉佛塔樹）
上市時期	整年
開花季節	夏季（南半球的冬季）
花期	2星期
生日花	11/20

三色堇

Pansy

三色堇的英文花名Pansy，是因為花朵讓人聯想到低著頭的人臉，從法文意味著「思慕」的「pensée」而來，至於花語則是與誕生出情人節的天主教神父瓦倫泰傳說有關，當他被抓進監獄裡時，在窗戶旁開出了有心型葉子的花朵，神父在葉子寫下了「請別忘了我」的訊息、並託付給鴿子送出去，這也成為了三色堇的傳說。一般來說，大輪花型的三色堇會稱為Pansy，小輪則稱為Viola。

花語

思慕／想念我

謹慎的幸福［黃］

溫順［白］

深思熟慮［紫］

Flower Data

分類	堇菜科 堇菜屬
原產地	歐洲、西亞
日文別名	三色堇、遊蝶花
上市時期	11～5月
開花季節	秋季～春季
花期	3～7天
生日花	1/16（紫）、2/7（杏）、5/25

萬代蘭

Vanda

萬代蘭的英語花名Vanda是依照古印度梵語，具有「附生」意涵的「vandaka」一詞而來。因為在原產地能夠看到它的粗大花根，會攀附在周遭樹木上來生長，所以獲得了這樣的名稱。大片花瓣上有著網狀花紋，萬代蘭優雅的開花模樣也因此具有「優雅」、「優雅之美」的花語，還因為帶有蘭科少見的藍色系深紫色彩而「個性十足」，並且在日本也被賦予了「翡翠蘭」的名稱。

花語

優雅
優雅之美
個性十足

Flower Data

分類	蘭科 萬代蘭屬
原產地	熱帶亞洲、澳洲
日文別名	翡翠蘭
上市時期	整年
開花季節	整年
花期	10～15天
生日花	2/4、8/26

花語
十分謹慎
保護

柊樹 柊
False holly　Holly osmanthus

因為葉子邊緣長了刺而被古人相信能夠除穢，每到節分時就會跟沙丁魚的魚頭一起裝飾於玄關外，還會栽種成庭園樹木來擋煞。柊樹從古時候起就以具有驅魔效果而為人們喜愛，「保護」的花語也是從這裡出現。「柊」的日文發音Hiiragi，是以擁有著刺痛意思的「疼ぐHiiragu」為語源，這是因為葉子有刺所以不要隨便觸碰，而成為「十分謹慎」的花語由來。柊樹在初冬時節開出來的花朵，會帶有著類似桂花的香氣。

Flower Data

分類	木樨科 木樨屬
原產地	日本、台灣、東亞
日文別名	鬼の目突き（惡魔的眼睛）
上市時期	整年
開花季節	秋季～冬季
花期	1星期左右
生日花	12/25

花語

誠實／個性美

射干　檜扇・桧扇・日扇

Blackberry lily　Leopard flower

射干在日本因為葉子開展的模樣，就像是過去宮廷裡使用的木製「檜扇」而以此來命名。京都三大祭典之一的祇園祭，就有使用射干花朵妝點於各個地方的習俗，讓花朵帶著風流雅致的形象。射干雖然屬於朝生夕死的一日花，但花朵會接連綻放，等進入晚秋時，從綳開的袋狀果莢中，會顯露出散發黑色光澤的種子，而種子就算成熟了也不會馬上掉落，因此也被視為擁有「個性美」的花材，並運用在花藝上。

Flower Data

原產地　日本、朝鮮半島、中國、印度
日文別名　烏扇
上市時期　6～9月
開花季節　夏季
花期　1日花（白天開花、晚上凋謝）
生日花　7/16、8/25

海桐

Pittosporum

海桐的葉子分為單一純綠顏色品種，以及有白或奶油色鑲邊、斑點的這2個種類，可說是做花藝組合或製作花束時，最有人氣的葉材選擇。

屬名在希臘文中有著「有黏性種子」的意思，這是從黑色種子被黏液包覆的狀態而得來，當鳥兒啄食充滿黏性種子時，就會附著於嘴喙、羽毛上，並因此被帶往遠方，所以跟著誕生出了「飛躍」的花語。

花語

飛躍

Flower Data

分類	海桐科 海桐屬
原產地	紐西蘭
日文別名	黑葉海桐花
上市時期	整年
賞葉期	10天左右
生日花	2/14、11/21

花語

愛開玩笑 看著我

地中海莢迷

Laurustinus　Viburnum

比起春天綻放的白色花朵，地中海莢迷在秋天成熟的果實，反而是吸引更多人欣賞的一款植物，地中海莢迷Viburnum tinus擁有濃郁紫藍色果實，Viburnum compactum則是紅色漿果的美麗品種。同樣屬於莢蒾一類的「雪球花」（參考P115），也會以「Viburnum」之名流通於花市裡，但因為屬於常綠植物，也會以「Viburnum tinus」的別名流通，所以很容易混淆，「看著我」的花語恐怕就是因為這樣的情況而來。

Flower Data

分類	五福花科 莢蒾屬
原產地	地中海沿岸、東亞
日文別名	西洋肝木
上市時期	整年
結果季節	秋季～冬季
觀果期	1星期
生日花	1/23、7/27

金絲桃

Tutsan

在初夏到夏季之間，金絲桃的長長雄蕊會如「火花」般，接二連三開出黃色花朵，等到花朵凋謝以後，再結出或紅或橘的漿果，由於果實會在花謝以後立刻結果，所以才會被賦予了「悲傷不會持續」這樣的花語，而且金絲桃在花市裡流通的也大多數都是果實。「Hypericum」是金絲桃屬的拉丁文名稱，通常在日本會將在地原生的稱為「弟切草Otogirisou」，進口類稱為「Hypericum」以做為區別。

花語

閃耀／悲傷不會持續

Flower Data

分類	金絲桃科 金絲桃屬
原產地	歐洲西部～南部
日文別名	小坊主弟切（小僧弟切草）
上市時期	整年
開花季節	秋季
觀果期	3～5天
生日花	8/27

花語

我只看著你

憧憬

虛假的愛［大輪］

高貴［小輪］

向日葵 *Sunflower* 向日葵

向日葵是在大航海時代來到了歐洲，被譽為是「印地安人的太陽」而獲得人氣，在熱衷太陽信仰的秘魯一地，更被視為神聖的花朵來崇拜，甚至就連女巫們的頭冠都是以黃金打造成向日葵的花朵形狀。

向日葵也是一種會追著太陽移動、具有「向陽性」的知名花卉，花語當然也是由這樣的特性而得。但其實會跟著太陽移動的特性只在花苞時期，等到花朵盛開以後，就幾乎都是朝向東方，不會再有所移動了。

Flower Data

分類	菊科 向日葵屬
原產地	北美
日文別名	向日葵、日輪草
上市時期	4～8月
開花季節	夏季
花期	5天左右
生日花	8/5、8/7、8/15

Flower Data

分類	菊科 百日菊屬
原產地	以墨西哥為中心的南北美
日文別名	Zinnia（百日菊）、浦島草、長久草
上市時期	4～11月
開花季節	春季～秋季
花期	5～10天
生日花	10/3、12/22

花語

思念不在的友人 恆久不變

百日草 百日草

Zinnia Youth-and-old-age

從初夏一直到晚秋為止，百日草號稱「花朵能夠持續開滿一百天」，因此花語也應該是由這樣的特性而來。即使這一朵枯萎了，仍然會有新的花朵接二連三冒出來，所以也獲得了「Youth-and-old-age（年輕與年老）」的英文名稱。傳進日本是在江戶時代，自此以來就被當作庭園必種花草，而成為百姓相當熟悉的一款花卉。最近多數都會以學名的「Zinnia」來稱呼百日草，並且在花市裡也流通著各式各樣不同色彩的品種。

風信子 風信子・飛信子

Hyacinth

風信子的英文花名來自於希臘神話當中，被太陽神阿波羅以及西風風神Zephyrus一起愛上的美少年、雅辛托斯（Hyacinthus）之名，當時他正與阿波羅玩著擲鐵餅的遊戲，嫉妒的Zephyrus故意颳起旋風，使得鐵餅直接打中雅辛托斯額頭、最後失血而死，傳說從雅辛托斯身上流出來的鮮血裡，開出了紫色風信子，這段故事同時也成為花語的由來。

Flower Data

分類 天門冬科 風信子屬
原產地 地中海東部沿岸
日文別名 夜香蘭、Dutch Hyacinth（荷蘭風信子）
上市時期 11～5月
開花季節 春季
花期 4～7天
生日花 1/4（白）、1/16（黃）、4/11

花語

體育／勝負／競賽
超越悲傷的愛［紫］
不變的愛［藍］ 嫉妒［紅］
低調的愛［白］
文靜可愛［粉紅］

Flower Data

分類	山龍眼科 針墊花屬
原產地	南非
日文別名	Leucospermum（針墊花）、Joey Ribbon（針包花）
上市時期	7～12月
開花季節	夏季
花期	3～4星期
生日花	1/21、8/15、10/29

花語

處處成功大方的人

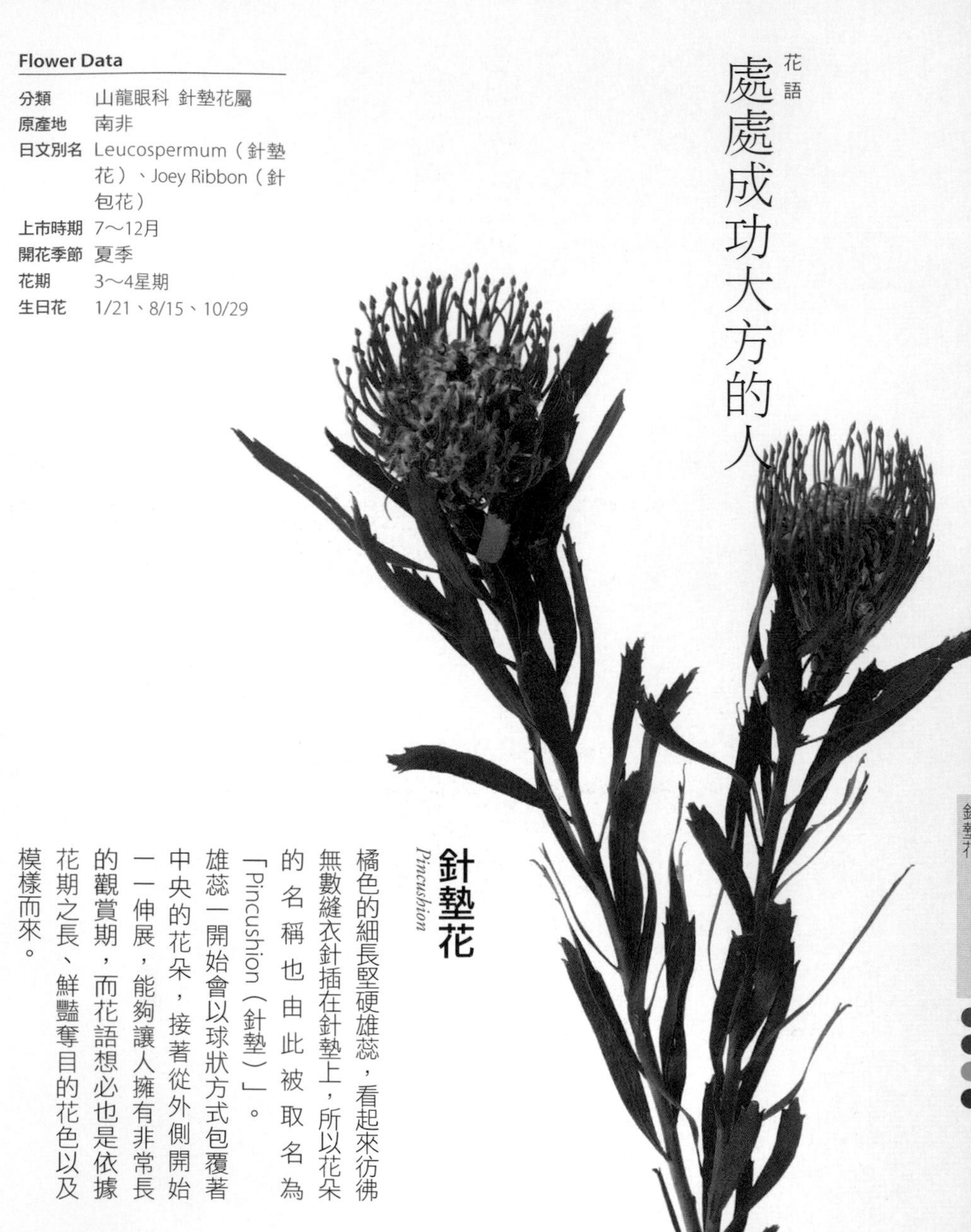

針墊花

Pincushion

橘色的細長堅硬雄蕊，看起來彷彿無數縫衣針插在針墊上，所以花朵的名稱也由此被取名為「Pincushion（針墊）」。雄蕊一開始會以球狀方式包覆著中央的花朵，接著從外側開始一一伸展，能夠讓人擁有非常長的觀賞期，而花語想必也是依據花期之長、鮮豔奪目的花色以及模樣而來。

花語

滿滿的夢想（果實）
隱藏的能力（花朵）

唐棉

Swan plant

風船唐棉

雖然在夏季時會開出奶油色小花，但是做為切花供人欣賞的、主要是氣球模樣的果實，裡面滿滿的都是帶有細軟絨毛的種子，這樣的果實模樣也成為了「滿滿的夢想」的花語由來。等到果實成熟以後，絨毛順風四處飛散的景象，讓唐棉獲得了帶有「沒有目的遊蕩的植物」意味的「Swan plant」英文名字。

Flower Data

分類 蘿藦亞科 釘頭果屬
原產地 南非
日文別名 風船玉の木（氣球棉灌木）
上市時期 8〜11月
開花季節 秋季
觀果期 5〜7天左右
生日花 10/29、11/2

五指茄

Nipple fruit

擁有檸檬黃鮮豔色彩漿果上，還有多個顆突起物的獨特造型，讓五指茄獲得了在日本當地才有的「Fox face（狐狸臉）」英文名稱。由於可供欣賞的時期非常長，因此在將金黃色視為好兆頭的中國，都會用來當作吉利的新年正月裝飾，不過最近還成為了萬聖節不可或缺的裝飾物，一樣很有人氣。五指茄雖然是茄子的同類，日本也稱做是「角茄子」，但是五指茄的果實具有毒性成分，所以無法食用。

花語

我不會騙你

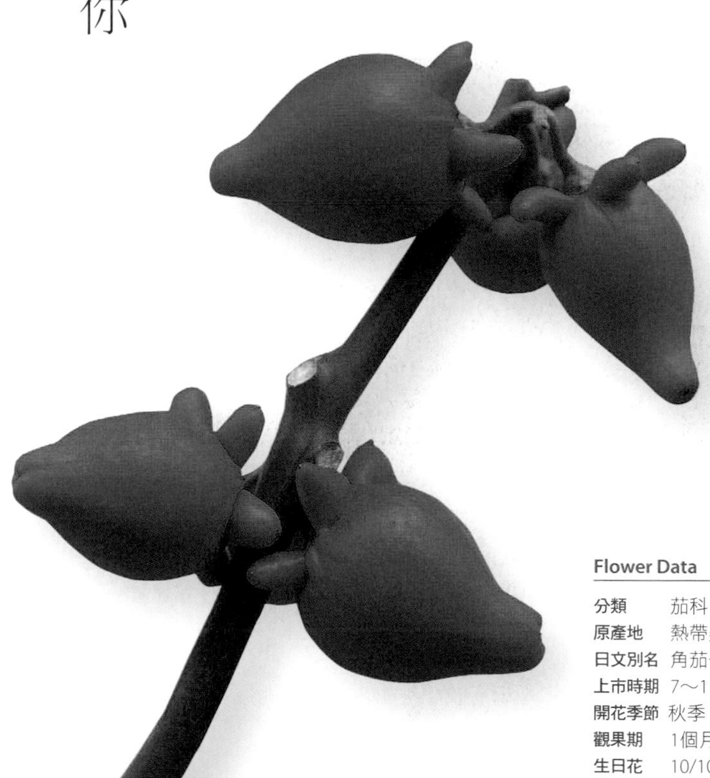

Flower Data

分類	茄科 茄屬
原產地	熱帶美洲
日文別名	角茄子、狐茄子
上市時期	7～11月
開花季節	秋季
觀果期	1個月以上
生日花	10/10

花語
交流
知性魅力

寒丁子
Bouvardia

寒丁子的屬名「Bouvardia」，是依據法國路易十三的醫生兼巴黎植物園園長的Charles Bouvard而得。寒丁子屬一共擁有約30個種類植物，由於是以其中幾種原生種為基礎，人工栽培出許多的新品種，因此才會冠上「交流」的花語。

寒丁子的最大特色就是開花時，圓滾滾花苞頂端會裂開成4份，綻放出如同細長管狀丁字模樣的花朵，所以在日本也稱為「管丁字」。

Flower Data

分類 茜草科 寒丁子屬
原產地 熱帶美洲、墨西哥
日文別名 管丁字・寒丁字・Bouvardia（寒丁子）
上市時期 整年
開花季節 春季、秋季
花期 5～7天
生日花 10/10、12/26

Flower Data

分類	繖形科 柴胡屬
原產地	歐洲、中亞
日文別名	突き抜き柴胡（穿葉柴胡）
上市時期	整年
開花季節	夏季
花期	1星期
生日花	4/12

花語

初吻
纖細美

金翠花

Hare's ear　Thorough wax

儘管黃色小花沒有引人矚目的華麗模樣，但是包裹著纖細花莖的圓形葉片，還有看起來像是星星形狀花朵的苞片，漸層的組合看起來魅力十足。由於整體全是亮麗綠色，與任何一種花卉都能夠做搭配，在進行花藝設計時能夠添加華麗氣息。花語的「初吻」應該就是表現出、還沒有被五顏六色渲染的「青澀的青春」的回憶吧。

法蘭絨花

Flannel flower

從葉子、花莖到花朵都被一層細細絨毛包裹，擁有柔軟似法蘭絨布料般獨特質感，所以花朵也因此被賦予了法蘭絨花之名。尖尖的花瓣前緣渲染上淡綠色彩的模樣，可說是讓人印象深刻，完全符合了「高潔」、「誠實」等帶有純真印象的花語，而且法蘭絨花一旦開花，花期能夠維持得相當長久，所以也因此獲得了「永遠愛我」的花語，是非常受到喜愛的一款新娘花。

花語

高潔／誠實／永遠愛我

Flower Data

分類	繖形科 輻射芹屬
原產地	澳洲
日文別名	法蘭絨草、Actinotus（輻射芹）
上市時期	9～1月
開花季節	春季、秋季
花期	1星期
生日花	5/13、8/19

花語

深情

孩子氣［白］

憧憬［紫］

純潔［紅］

天真無邪［黃］

小蒼蘭

Freesia

明亮繽紛的花色加上也是香水原料的華麗香氣，成為了小蒼蘭的最大特色，香味會依照品種而各有不同，但是香氣最濃郁的是白色小蒼蘭，散發著如同桂花般甜美氣息，黃色小蒼蘭則是甜中帶酸的香味，紅或紫色小蒼蘭的香味則相對低調。

小蒼蘭的花名是19世紀時，在南非發現它的植物學家Ecklon，為了向自己醫生好友Friedrich Freese表達敬意，而決定以他的名字來為花朵命名。

Flower Data

分類	鳶尾科 香雪蘭屬
原產地	南非
日文別名	浅黃水仙、香雪蘭
上市時期	整年
開花季節	春季
花期	5～7天
生日花	2/13（紫）、2/28、8/20

花語

幸福之愛／互信的心

Flower Data

分類	夾竹桃科 尖瓣花屬
原產地	中・南非
日文別名	瑠璃唐棉
上市時期	整年
開花季節	春季～秋季
花期	5～7天
生日花	5/25、9/7

琉璃唐棉

Tweedia

當帶著微微紅色的花苞綻開時，具有透明感的水藍花朵就正式露面，而且還會隨著時間、藍色越來越深，當花朵準備凋謝的時候更會轉變成紫色，這些都屬於琉璃唐棉（藍星花）所具備的特色。在基督教中，將藍色視為聖母瑪利亞的代表顏色，並依此做為出現於婚禮中的「Something blue」，或者是做為慶賀男寶寶誕生時的幸運色彩，並成為贈送藍色的相關禮物的選項。藍星花的花莖被剪斷時流出的白色汁液，有可能引起皮膚過敏，要多加注意。

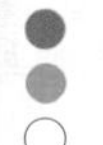

分類	五加科 翠珠花屬
原產地	澳洲
日文別名	空色蕾絲草（藍蕾絲草）、Didiscus（藍蕾絲花）
上市時期	整年
開花季節	春季
花期	5天左右
生日花	3/10、4/14

花語

態度優雅

翠珠花

Blue lace flower

翠珠花的淺藍小花聚攏一起並同時開花的模樣，就像是精細編織而成的蕾絲，所以也獲得了藍蕾絲花的名稱。帶有弧度的花莖配上不搶眼的綠葉，整體帶給人是高雅又纖細的氛圍、而令人印象深刻，恐怕也是因此才會被賦予了「態度優雅」的花語。

擁有相似花名、但是原產於歐洲的「蕾絲花（請參考P236）」雖然是不同品種，卻也會有開出白色花朵的種類。

花語

不變／小小的勇氣

大銀果

Brunia

像是杉樹般的細密葉子匯聚的花莖頂端，集中著球狀果實般的小巧花朵，花朵屬於銀色系的大銀果經常出現在冬季，尤其是耶誕節花藝裝飾或者是花圈都會頻繁使用，而且做成乾燥花以後非常耐旱，加上花姿模樣不會有所改變而冠上了「不變」的花語。大銀果與「刻球花（請參考P150）」非常相像，只是高度較矮、花朵比較大是辨別的特徵。

Flower Data

分類	絨球花科 絨球花屬
原產地	南非
日文別名	Buttonbush(絨球花)、Berzelia (飾球花)
上市時期	整年
開花季節	整年
花期	2～3星期
生日花	1/19

鳳尾百合

Cat's tail

1公分大小的星形花朵聚集起來，由下往上依序開花的模樣，就像是貓咪的尾巴一樣，所以鳳尾百合的英文名稱就稱為「Cat's tail（貓咪尾巴）」，鳳尾百合的Bulbinella在希臘文中是「鱗莖」的意思，因

花語

休息

為鳳尾百合這種花是擁有稱為鱗莖（像洋蔥一樣，為了儲存養分使得葉子越變越厚且層疊形成球狀）的球根植物，夏季時地面上的部分會乾枯進入休眠狀態，也因此被賦予了「休息」的花語。

Flower Data

分類	阿福花科 鳳尾百合屬
原產地	南非、紐西蘭
日文別名	花蘆薈、 Cat's tail（貓咪尾巴）
上市時期	1～4月
開花季節	春季
花期	5～7天
生日花	4/16

花語

王者風範
自由自在

帝王花
Protea

因為品種眾多而且花型都各自不同，所以海神花屬的屬名、就是依照希臘神話中能夠「自由自在」變換型態的海神Proteus名字來命名。海神花屬花朵充滿特色的模樣，在19世紀時博得歐洲貴族的喜

愛，並因人工培育出許多不一樣的品種，其中又以屬於大型品種的「帝王花」，因為花朵碩大，最大甚至能夠長到30公分，非常有看頭，就如同花語的「王者風範」。

Flower Data

分類 山龍眼科 海神花屬
原產地 中・南非
日文別名 Protea（海神花）
上市時期 整年
開花季節 春季
花期 1～2星期
生日花 10/24、11/5

胡椒木

Pepper tree

擁有漂亮粉紅色澤的圓形果實，模樣十分迷人，也是花藝組合或製作花圈的人氣花材，最近在花市裡，還能夠看得到被染成各種不同顏色的乾燥胡椒木。

會被稱為「胡椒木」的原因就如同名稱一樣，散發著類似胡椒的辛辣香氣，也被稱為「粉紅胡椒」，是替料理添加風味、色彩的人氣香料，但胡椒木屬於漆樹科的常綠灌木，與胡椒其實沒有任何關係。

Flower Data

分類	漆樹科 肖乳香屬
原產地	秘魯
日文別名	胡椒木
上市時期	整年（果實・乾燥花）
開花季節	夏季～秋季
賞果期	一
生日花	11/27

花語

閃耀的心

狂熱

花語

打扮包容力

紅花
Safflower

紅花

紅花的花名由來，就是它能夠從花中粹取出紅色色素做成口紅或染料，同時也是中藥材的一種，甚至還可以從種子榨出優質食用油，長久以來紅花與日常生活的連結，比起觀賞用途還要來得更為緊密。紅花在日本又有「末摘花」的別稱，這正是在《源氏物語》中以紅鼻子登場的女郎之名，而「包容力」的花語也是源自於光源氏，他終其一生，都將這位醜陋頑固的女郎當作妻子對待。

Flower Data

分類	菊科 紅花屬
原產地	地中海沿岸、中亞
日文別名	末摘花、吳藍、Safflower（紅花）
上市時期	6～8月
開花季節	夏季
花期	5～7天
生日花	6/13、6/27

花語

永恆的記憶
金黃光輝

蠟菊
Strawflower

如同黃金散發的光芒一樣，蠟菊的Helichrysum名稱就來自於希臘文中的「黃金太陽」，花朵綻放的時間相當長，即使乾燥以後，顏色、花型還是色澤都完整保留下來，所以獲得了「永恆的記憶」的花語。蠟菊又被稱為「麥桿菊」，是因為水分稀少的花瓣，就像是乾燥過的麥桿一樣而得名，至於在日本還擁有「帝王貝細工」的獨特名稱，則是來自於花朵與眾不同的堅硬質感，就像是貝殼做成的工藝品一樣。

Flower Data

分類	菊科 蠟菊屬
原產地	澳洲
日文別名	麦藁菊（麥桿菊）、 帝王貝細工(帝王貝花)、 Strawflower（麥桿菊）
上市時期	整年
開花季節	夏天
花期	7～10天
生日花	7/25

花語

矚目

怪人

赫蕉

Heliconia　Lobster claw

赫蕉具備著南洋花卉特有的鮮豔色彩，而包覆著花朵的苞片就像是鸚鵡的嘴喙，所以又有著「小天堂鳥花」的別名，至於英文名稱也是因為形似「龍蝦爪」，而直接命名為「Lobster claw」。赫蕉的屬名Heliconia，來自於希臘神話中藝術女神繆思、所居住的赫利孔山之名，會有這樣的由來，自然是因為赫蕉充滿藝術氣息的模樣而得。

Flower Data

分類	赫蕉科 赫蕉屬
原產地	熱帶美洲、 南太平洋群島
日文別名	鸚鵡花、 Lobster claw（龍蝦爪）
上市時期	整年
開花季節	夏季
花期	7～10天
生日花	10/31、12/2

花語

華麗眼淚

堆心菊

Sneeze weed

堆心菊的「Helenium」名稱源自於古希臘第一美女的海倫而來，因為她引發了特洛伊戰爭，海倫因難過所流出來的「眼淚」，也因此變成了堆心菊。

堆心菊花朵中央拱起的模樣，看起來就像是糯米糰子，因此在日本又稱之為「團子菊」，部分品種的花色會隨著開花而逐漸變化，由於堆心菊的花期很長，花況非常好，雖然只有一把花，看起來卻像是許多不同種類花朵混和在一起。

Flower Data

分類	菊科 堆心菊屬
原產地	北美
日文別名	団子菊、Helenium（堆心菊）
上市時期	6～10月
開花季節	夏季
花期	5～7天
生日花	9/28、10/2

Column

送花的禮儀

將美麗的花朵與花語一同當作禮物送人，這時候挑選鮮花種類，要先考慮的就是對方的喜好。不過，不是所有花朵都能適用每一種場合，接下來為大家介紹送花時的基本禮儀。

祝賀

挑選能夠帶來明亮、輕快氛圍的繽紛色彩花朵，或者是符合收禮人氣質的花朵，至於祝賀開店或搬家誌慶，則是以花期較長的盆栽植物比較合適。

NG 的花朵

白色菊花（容易聯想到喪禮），考量部分收禮者恐怕會過敏，也避免像是香氣過強或會掉落花粉的花朵

葬禮・法事

喪禮或法事上的供花，在四十九天以內選擇白色，之後則以淺色花朵為佳。

NG 的花朵

色彩鮮豔的花朵、玫瑰（因為有刺）

慰問

挑選能夠療癒心靈的暖色系花朵吧，若是以花藝作品來送人，不需要準備花瓶，能夠減少對收禮者的困擾；至於盆栽植物會聯想到「睡下（日文生根的諧音）」，所以記得要避免。

NG 的花朵

香氣、色彩濃烈的花朵，或者是花粉較多的花朵。紅色花朵（顏色會聯想到鮮血）以及山茶花（整朵凋謝如同斷頭）、仙客來（日文發音會聯想到「死」、「苦」）、白菊（會聯想到喪禮）、繡球花（花朵顏色會慢慢褪色）、玫瑰（帶刺）

花語

充滿機智可愛的人

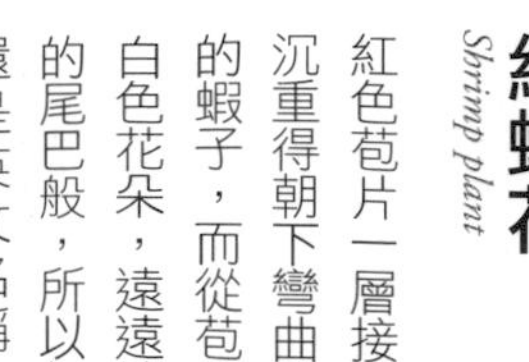

紅蝦花

Shrimp plant

紅色苞片一層接一層的堆疊起來，沉重得朝下彎曲模樣、就像是熟透的蝦子，而從苞片前端顯露出來的白色花朵，遠遠地看、就如同蝦子的尾巴般，所以無論是中文、日文還是英文名稱，都是以「紅蝦花」、「Shrimp plant」等，取的名稱都與蝦子有關。雖然開花期限相當短暫，不過卻能夠好好欣賞苞片從淺綠，一路變化成紅褐色模樣，具有一定的觀賞期。

Flower Data

分類	爵床科 黑爵床屬（尖尾鳳屬）
原產地	墨西哥
日文別名	小海老草（小蝦草）、 Shrimp plant（蝦仔花）
上市時期	整年
開花季節	春季～夏季
花期	5天左右
生日花	7/30、11/18

八寶景天

Ice plant

弁慶草

八寶景天因為非常強壯且花期又長，所以在日本就以武藏坊弁慶的名字、將之稱為「弁慶草」。而「信任追隨」、「聰明」的花語，當然也是因為弁慶他追隨主公源義經，並一直持續直到他生命結束，以及靠他的機智而順利通過「安宅關」等故事得來。八寶景天擁有多肉植物的特色，也就是極為耐旱，即使已經呈現乾枯狀態，也能在澆水後活過來，因此在日本也稱為「活草」。

Flower Data

分類	景天科 八寶屬
原產地	中國東北部、朝鮮半島
日文別名	大弁慶草、活草
上市時期	整年
開花季節	秋季
花期	1～2星期
生日花	9/13、10/26

花語

信任追隨

聰明

花語
祝福／聖夜／祈求幸運

聖誕紅

Poinsettia　Christmas flower

每年一到12月就不可少的聖誕紅裝飾，起源是17世紀的墨西哥，據說當時傳教士們以這個具備紅、白、綠三色，與耶穌基督受難、信仰由來有關的聖誕色彩花朵做裝飾，從此就成為聖誕月份

必備花卉，不過顯眼的紅色部分其實是葉子的一部份。另外在夏季時，葉子部分會變紅的「猩猩草」，則被視為是「夏日聖誕紅」而很有人氣（左圖）。

Flower Data

分類	大戟科 大戟屬
原產地	墨西哥
日文別名	猩々木
上市時期	11～3月
開花季節	冬季
花期	7～10天
生日花	12/22、12/25

Flower Data

分類	薔薇科 木瓜海棠屬
原產地	中國
日文別名	唐木瓜、毛介
上市時期	11～2月（冬花品種）、3～4月（春花品種）
開花季節	冬季、春季
花期	7～10天
生日花	2/1、3/25

花語

早熟／引領者

貼梗海棠 木瓜

Japanese quince

貼梗海棠是在平安時代從中國傳入日本，被當作庭園花木或籬笆等廣泛種植，是日本民眾非常熟悉的一款春季花卉。因為會結出模樣像是瓜果類的果實，所以也被稱為「木瓜」，而且在中國還因為具有「比春天還早一步露面的花朵」的意思，而將之取名為「放春花」，這也成為了「早熟」、「引領者」花語的由來。

貼梗海棠的果實會散發甜美香氣，被稱為「皺皮木瓜」，也是具有降低水腫、及祛痰效果的一款中藥藥材。

牡丹

Tree peony

牡丹

薄而碩大的花瓣層層疊疊，牡丹是既奢華又氣質滿盈的花朵，在原生地中國就將之比擬成「花王」、「花神」，深受無數帝王、后妃的喜愛，「風格」、「高貴」的花語，就是來自於它壓倒群芳的美。

而同為芍藥屬，花朵模樣也非常相似的芍藥，則是在長長的花莖頂端開出花朵，但牡丹則像是坐在葉子上開花的模樣，也因此有了「立如芍藥、坐如牡丹」這種用於形容美人的句子。

Flower Data

分類	芍藥科 芍藥屬
原產地	中國
日文別名	富貴草、二十日草
上市時期	1～4月
開花季節	春季
花期	4～5天
生日花	5/17、5/10

Flower Data

分類	百合科 油點草屬
原產地	日本、台灣、朝鮮半島
日文別名	油点草
上市時期	8～10月
開花季節	夏季～秋季
花期	5～7天
生日花	9/27、10/9、11/29

花語

永遠屬於你
持續

油點草 杜鵑草

Toad lily

油點草在日本稱為杜鵑草的原因，就是源自於花瓣上的斑點花樣，就像是杜鵑鳥胸前花紋而得名。「永遠屬於你」的花語，則是由於油點草能夠長時間持續開花，一心一意的樣子而獲得。分布於東亞地區的19種油點草屬種類當中，在日本就能發現12種，而其中有10種更是只在日本生長的固有種類，不過卻因為環境受到破壞等原因，部分品種也面臨了滅絕的危險。

花語

胡思亂想／夢想家／安慰

罌粟花

Oriental poppy

以切花型式流通於花市裡的罌粟花，大多數都是冰島罌粟或東方罌粟花（如圖），而後者還因為花朵比一般更大、且花苞會有黑毛，所以又被稱為「鬼罌粟」。在希臘神話中傳說，豐饒女神因為女兒被冥王給抓走，必須聞著罌粟花的香氣才能獲得心靈平靜。所以自古，人們就知道罌粟花的白色乳汁具有止痛・麻醉效果，也成為了「胡思亂想」、「夢想家」的花語由來。

罌粟花

Flower Data

分類	罌粟科 罌粟屬
原產地	西亞
日文別名	芥子、 Shiberia hinageshi （西比利 雛罌粟）
上市時期	12～5月
開花季節	春季
花期	4～5天
生日花	2/23、4/25、5/30、7/3

印象深刻／芳香

波羅尼花
Boronia

小巧花朵滿滿開在纖細枝條上的模樣十分華麗，花苞呈現球狀，花朵則會是星星或鐘形的可愛形狀，而且波羅尼花還帶有芸香科特有的清爽香氣，因此人氣十分高，「芳香」、「印象深刻」的花語也是由此而來。

波羅尼亞屬的屬名Boronia，據說是來自18世紀義大利植物收藏家Francesco Borone之名，因此花朵無論是英文還是中、日文名稱，都直接命名為「波羅尼花Boronia」。

Flower Data

分類 芸香科 波羅尼亞屬
原產地 澳洲
日文別名 Boronia（波羅尼花）
上市時期 3～5月
開花季節 春季
花期 3～5天
生日花 5/13、12/17

Flower Data

分類 菊科 木茼蒿屬
原產地 加那利群島
日文別名 木春菊、木立加密列（木本菊花）
上市時期 10～5月
開花季節 春季
花期 1星期
生日花 2/1、2/20、9/3、11/22

花語

戀愛預言

暗戀

信賴［白］

真實的愛［粉紅］

美麗模樣［黃・橘］

瑪格麗特

Marguerite Paris daisy

因為擁有潔白美麗的花朵模樣，因此名稱具有著希臘文「珍珠」意思的瑪格麗特，也因為花瓣數量並不一致，所以過去在歐洲都會以瑪格麗特的花瓣數量來占卜戀愛運，成為「戀愛預言」的花朵而備受人們喜愛。瑪格麗特更是貢獻給希臘神話中、被視為誕生・多產守護神的月亮女神——阿提米絲Artemis的花朵，於是也就成為了「誠實」、「貞節」、「慈悲」、「安穩」的象徵。

瑪格麗特

花語

聚集的喜悅

寬容

Flower Data

分類	菊科 菊蒿屬
原產地	歐洲、西亞
日文別名	夏白菊、 犬加密列（犬菊）
上市時期	整年
開花季節	春季～夏季
花期	3～7天
生日花	5/27、6/1、6/22

小白菊
Feverfew

小白菊跟隨著微風一起擺動的模樣非常惹人愛憐又迷人，細碎分杈的花莖上開滿無數花朵，讓纖細花莖幾乎快要不堪負荷而彎曲，「聚集的喜悅」花語應該就是根據這樣的模樣而來。從古希臘時代起就將小白菊視為藥物，Tanacetum這個屬名在拉丁文裡就有「不死」的意思，而英文名稱「Feverfew」也同樣因為小白菊是治療退燒的草藥而獲得。

萬壽菊

Marigold

萬壽菊是大航海時代，哥倫布從海外帶回來歐洲的花種之一，英文花名具有著「聖母瑪利亞的黃金之花」意思，就是因為在每年數次的聖母瑪利亞節日中，萬壽菊都會開得十分美麗而得名，品種也分為花莖較長且花型較大的African系列，以及花莖較短而花型也較小的French系列兩種。

花語

可愛的愛情／勇者／健康

萬壽菊

Flower Data

分類	菊科 萬壽菊屬
原產地	墨西哥、中美
日文別名	African系列…千寿菊、French系列…紅黃草
上市時期	整年
開花季節	春季～秋季
花期	5～10天
生日花	6/5、8/20（深黃）

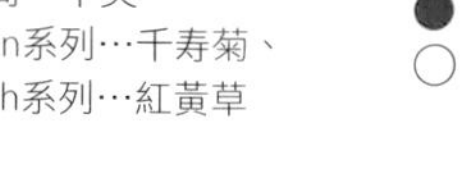

花語
秘密的愛
友情

金合歡 アカシア
Mimosa　Silver wattle

從前美國原住民無論男女，都會拿金合歡做為愛的告白，也就成為了「秘密的愛」花語的由來。球狀黃色小花滿滿地綻放在枝頭上，金合歡也是一款通知春天到來的花朵。

法國每年2月都會舉辦金合歡節，慶祝新的季節降臨，而在義大利3月8日的「金合歡日」這一天，男性更有贈送金合歡給身邊親近女性、以表達謝意的習慣。

Flower Data

分類　豆科 金合歡屬
原產地　澳洲
日文別名　銀葉金合歡
上市時期　12～3月
開花季節　春季
花期　1星期（1朵花是1天）
生日花　2/17、4/3

花語

短暫的休息
平穩

Flower Data

分類	菊科 裸菀屬
原產地	東亞、日本
日文別名	都忘れ（都忘草）、深山嫁菜、野春菊
上市時期	1～8月
開花季節	春季～初夏
花期	2～5天
生日花	4/21、5/13、6/23

忘都草

Gymnaster

忘都れ

在眾多綻放於秋季的野菊花裡，忘都草成了春季到初夏間開花、別緻又稀有的品種，黃與紫或粉紅色的對比色彩非常漂亮，充滿氣質的花朵模樣成了最大特徵。

鎌倉時代因為承久之亂而被流放到佐渡，直到死亡為止、度過長達21年抑鬱不得志生活的順德天皇，在看到盛開於庭園一隅的忘都草時，獲得了心靈慰藉，暫時忘卻了都城舊事，花朵也因為這樣的說法被賦予了「忘都草」的名稱，而花語也是從這段故事獲得。

花語

心靈相通 寬大的愛

葡萄風信子

Grape hyacinth

葡萄風信子因為帶有彷彿麝香一般的香氣，所以英文花名Muscari就來自於希臘文的「Moschos（麝香）」，同時也因為紫色小花像葡萄一樣成串而開，所以英文也稱之為「Grape hyacinth」。

在距今6萬年前的古代遺跡裡，甚至還發現有供奉過葡萄風信子的痕跡，成為了世界最古老的陪葬花卉，由於紫色在歐洲被視為是悲傷的代表色，因此葡萄風信子還具有著「失意」、「哀嘆」等花語。

Flower Data

分類	天門冬科 葡萄風信子屬
原產地	地中海沿岸、亞洲西南地帶
日文別名	葡萄風信子、瑠璃壺花・瑠璃坪花
上市時期	3～6月
開花季節	春季～初夏
花期	5～7天
生日花	1/30、2/2、4/26、4/28

日本紫珠

紫式部

Japanese beautyberry

比起花朵，在秋天時結出的鮮豔紫紅色果實，反而獲得更多人欣賞的日本紫珠，屬於原生於日本的植物，Callicarpa的屬名也是拉丁文中具有「美麗的果實」的意思。因為會結出成串紫色果實，因此在日本還曾經獲得了「紫重實」的名稱，但之後卻漸漸改以《源氏物語》作者紫式部之名來稱呼，花語的「聰明」就是指作者紫式部，而「人見人愛」當然是因為擄獲無數女子芳心的男主角、光源氏的緣故了。

Flower Data

分類	唇形科 紫珠屬
原產地	日本、台灣、朝鮮半島
日文別名	実紫（紫實）
上市時期	9～10月
開花季節	秋季
賞果期	3～5天左右
生日花	10/17、11/4、11/9

花語

聰明

人見人愛

莫氏蘭

Mokara

單枝花莖上開出許多花朵，讓人聯想到熱情南洋風光的豔橘或鮮黃、粉紅等繽紛花色，莫氏蘭既華麗又魅力無邊，而花語與它的模樣是完全匹配。

莫氏蘭是利用3種蘭花交配出來的人工品種，主要是在泰國以及馬來西亞進行栽種，1整年間都能夠穩定供應，加上花況良好且價格划算，成為非常親民的一款蘭花而人氣十足。

花語

優美／氣質

Flower Data

分類	蘭科 莫氏蘭屬
原產地	（以人工培育出來的交配品種）
日文別名	—
上市時期	整年
開花季節	整年
花期	1～2星期
生日花	1/1

蜂香薄荷

Monarda Horsemint

葉子和花莖因為與用來添加伯爵茶香氣的芸香科佛手柑，擁有類似香氣，所以蜂香薄荷也能夠做成香草茶，具有消除疲勞以及助眠效果，也因此而被賦予了「安穩」的花語。

在日本會稱為「松明花」，則是源自於蜂香薄荷最原始品種會開出如燃燒火焰般紅色花朵而來，花語「燃燒的思念」正是依照這火紅花朵而得，不過最近也開始出現越來越多如照片中粉、白、紫的不同花色。

花語

燃燒的思念

安穩

Flower Data

分類 唇形科 美國薄荷屬
原產地 北美、墨西哥
日文別名 松明花、矢車薄荷、矢車菊、Bergamot（佛手柑）、Beebalm（美國薄荷）、Horsemint（馬薄荷）
上市時期 6～9月
開花季節 夏季
花期 3～4天左右
生日花 7/10、7/18、8/17

花語

我是你的俘虜 性情溫順

Flower Data

分類	薔薇科 桃屬
原產地	中國
日文別名	花桃、毛桃
上市時期	1～4月
開花季節	春季
花期	3～5天
生日花	3/3、4/12

桃花

Peach blossom

桃

迷人粉色花朵與甜美香氣，讓人充分感受到春天到來，桃花可說是代表春天的花卉之一。日本在3月3日「桃花節」就會以桃花做裝飾，祈求家中女孩健康幸福成長，而這樣的習俗其實是源自於中國、日本，兩地都視桃樹有辟邪的神奇力量，甚至還相信桃子是長生不老仙丹，因而在日本有這樣的風俗習慣出現。

在歐美國家也會將桃花比擬為女性，花語的「我是你的俘虜」就是由此而來。

花語
感謝／希望

Flower Data

分類 唇形科 貝殼花屬
原產地 地中海沿岸、西南亞
日文別名 貝殼Salvia（貝殼串花）
上市時期 4～12月
開花季節 夏季
花期 5～7天
生日花 7/29、8/6、8/23

貝殼花
Bells of Ireland

一整枝花莖全被貝殼形狀的淺綠色花萼所包圍，看起來的模樣讓它獲得了「貝殼花」的名稱。花莖會朝向太陽方向生長，到了夏季時還會從花萼中間開出白色小花，花朵帶有類似薄荷的清新香氣，搭配上花萼的淺綠色澤，營造出清爽印象，也因此被賦予了正向的花語。貝殼花的學名Moluccella，源自一開始認為印尼的摩鹿加群島、是這種花朵的原生地，而依此命名。

Flower Data

分類	菊科 矢車菊屬
原產地	歐洲東南部
日文別名	Coneflower（矢車菊）
上市時期	12～7月
開花季節	春季～初夏
花期	5天左右
生日花	3/1、3/5、5/10

花語

細緻／優美／教育

矢車菊

Cornflower　Bachelor's button

矢車菊

矢車菊另有著粉色和白色花朵種類，但無論哪種顏色都帶來「細緻」而「優美」的印象，其中又以原生種的藍紫色最美最迷人，甚至被譽為是藍色系花朵中最為完美的一種藍，「矢車菊藍」就代表著最高等級的藍寶石色彩。矢車菊的屬名Centaurea，則是根據希臘神話中，利用這款花做為藥草的半人馬族Kentauros賢者之名；至於在日本則是因為單瓣花朵的模樣，像鯉魚旗上的風車（矢車），所以就以矢車菊來稱呼。

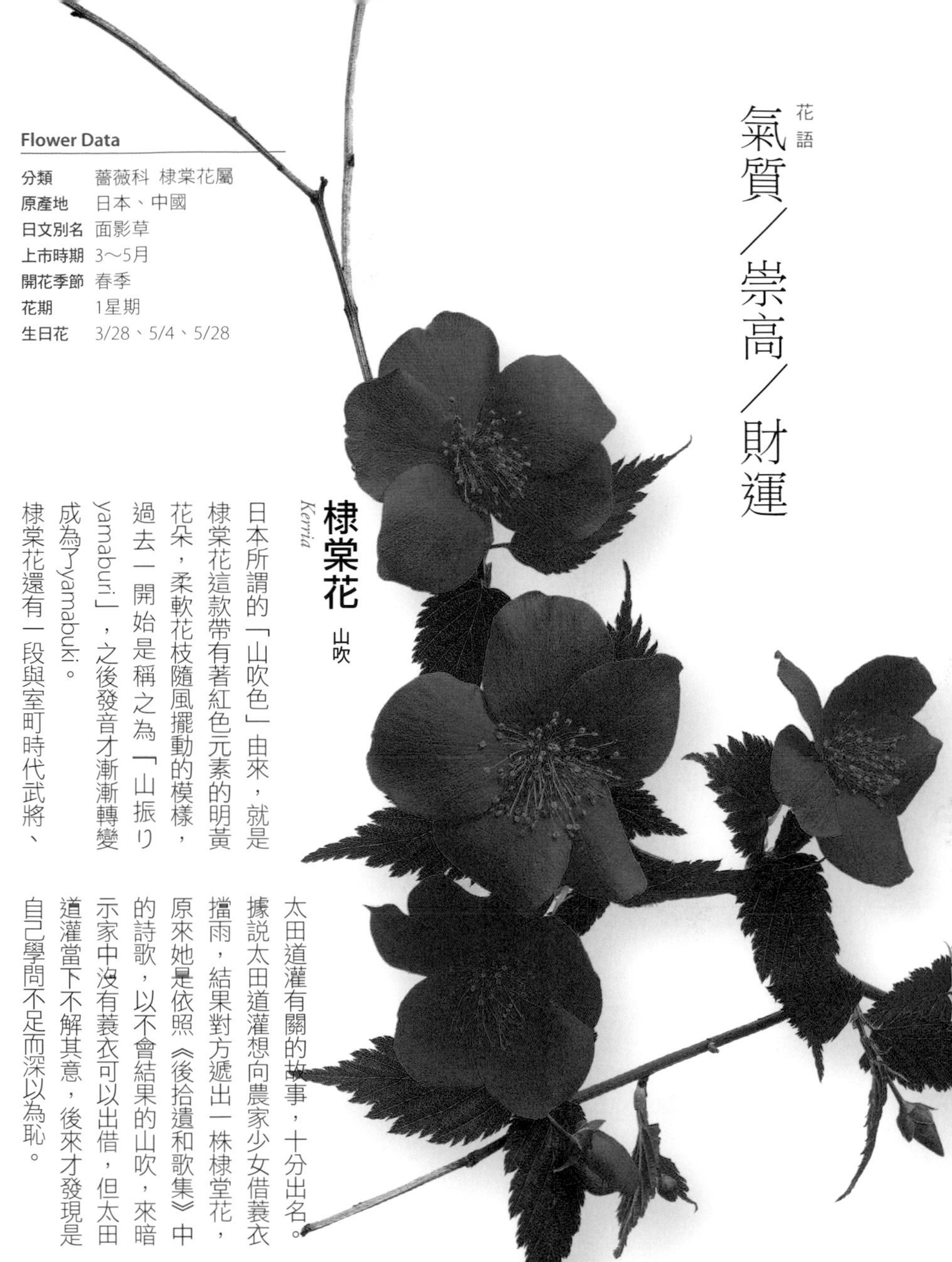

花語

氣質／崇高／財運

Flower Data

分類	薔薇科 棣棠花屬
原產地	日本、中國
日文別名	面影草
上市時期	3～5月
開花季節	春季
花期	1星期
生日花	3/28、5/4、5/28

棣棠花 山吹

Kerria

日本所謂的「山吹色」由來，就是棣棠花這款帶有著紅色元素的明黃花朵，柔軟花枝隨風擺動的模樣，過去一開始是稱之為「山振り yamaburi」，之後發音才漸漸轉變成為了yamabuki。

棣棠花還有一段與室町時代武將、太田道灌有關的故事，十分出名。據說太田道灌想向農家少女借蓑衣擋雨，結果對方遞出一株棣棠花，原來她是依照《後拾遺和歌集》中的詩歌，以不會結果的山吹，來暗示家中沒有蓑衣可以出借，但太田道灌當下不解其意，後來才發現是自己學問不足而深以為恥。

花語
重生
安慰

尤加利葉
Gum tree

尤加利葉趨向圓形的小片葉子十分有特色，經常做為花藝組合時的葉材選擇，最大特色的清新香氣也是魅力之一，在經常傳出森林野火的澳洲，即使是火燒過後、寸草不生的土地，也能重新冒出嫩芽長大，所以尤加利葉獲得了「重生」的花語。而澳洲原住民更是從很久遠前就知道，尤加利葉可以當作治病藥材，就算是到了現在，尤加利精油更是在芳療中，發揮各式各樣的功能，擁有極高的人氣。

Flower Data

分類	桃金孃科 桉屬
原產地	澳洲
日文別名	有加利樹
上市時期	整年
賞葉期	10天～2星期
生日花	11/7、11/18

花語
天真無邪的心
氣質／純愛

亞馬遜百合
Amazon lily

亞馬遜百合是擁有如同水仙一般的潔白美麗花朵，帶有清爽香氣，十分優雅又有氣質，加上符合新嫁娘的形象，所以也是十分有人氣的新娘選花，花語當然也是依照它的美麗模樣，而賦予相同詞彙。

Eucharis的這個花名，在希臘文中具有「非常顯眼」的意思，因為低頭綻放的花朵模樣所以稱為「亞馬遜百合」，不過與百合是完全不同類別。

Flower Data

分類	石蒜科 亞馬遜百合屬
原產地	中～南美
日文別名	擬宝珠水仙、Amazon lily（亞馬遜百合）
上市時期	10～2月
開花季節	夏季～冬季
花期	1星期
生日花	2/22、8/4、11/7

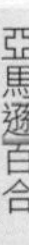

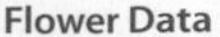

Flower Data

分類　大戟科 大戟屬
原產地　墨西哥
日文別名　—
上市時期　6～1月
開花季節　冬季
花期　5～10天左右
生日花　8/26

緋苞木

Euphorbia

大戟屬一共擁有超過2000種不同種類植物，因此無論是花朵模樣、特性到開花時節都各自不同，而且這一類的花莖、葉子，都會從切口流出白色汁液，屬名就是根據首先發現汁液具有藥效、古羅馬時代的醫生Euphorbus之名而取。圖片中的緋苞木Euphorbia fulgens，花莖描繪出柔和的曲線，嬌小而低調的花朵帶給人可愛的印象。

花語

低調
獲得幫助
想再見到你

雪柳

Spirea

雪柳

在春天降臨的時候，不到1公分的白色小花會滿開於細細枝條上，看起來就像是「白雪」累積在「柳枝」上，因此獲得了雪柳的名稱；至於散落於地面的花朵如同灑下的米粒一般，讓雪柳也被稱為「小米花」，「愛嬌」、「可愛」的花語就是來自於花朵的模樣。儘管被冠上了「雪」的名字，但其實雪柳可是宣告春天到來、備受人們喜愛的一款花卉。

花語

愛嬌

可愛

Flower Data

分類	薔薇科 繡線菊屬
原產地	日本、中國
日文別名	小米花
上市時期	2～4月
開花季節	春季
花期	1星期（單枝）
生日花	2/26、3/11

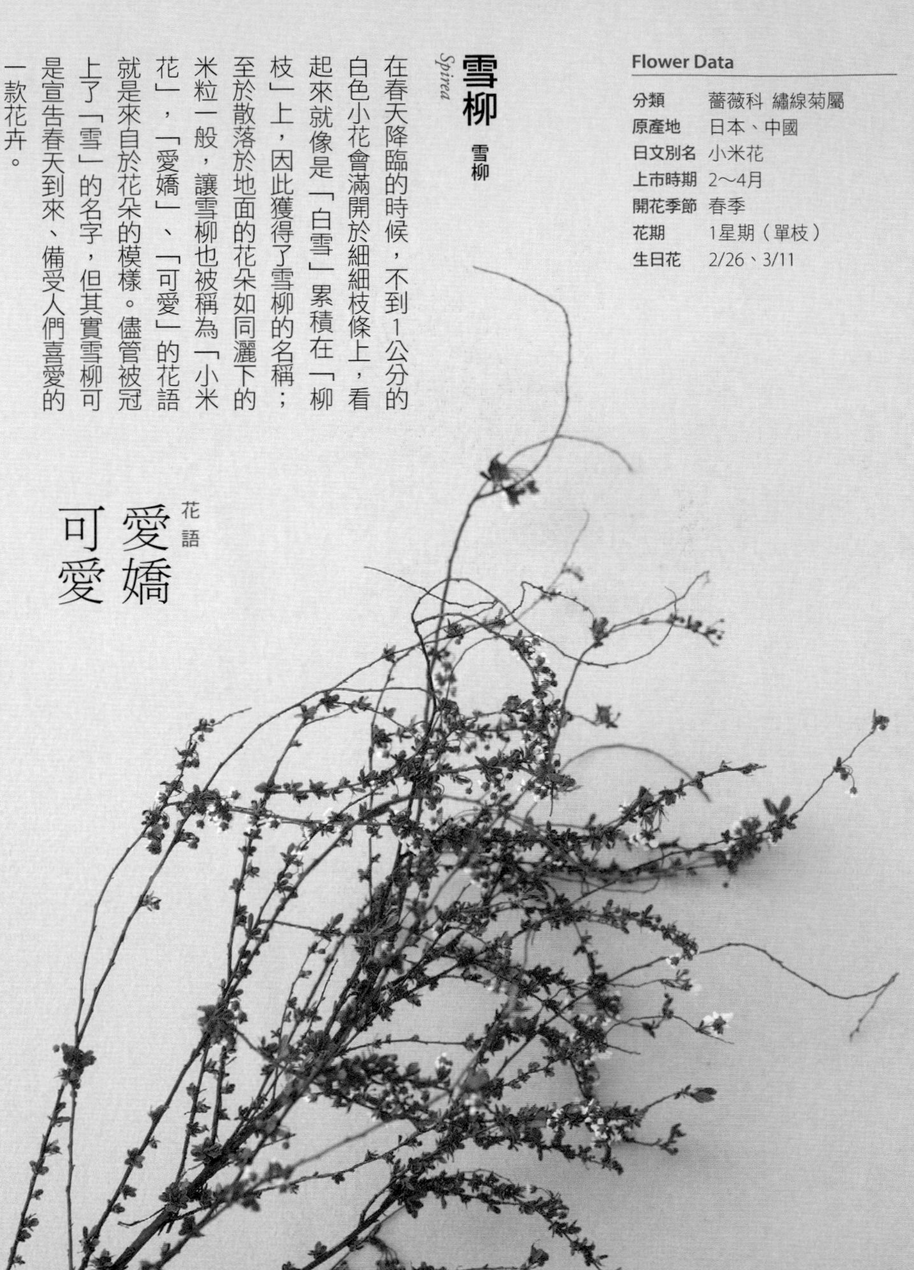

百合 百合

Lily

在希臘神話中，傳說天神宙斯的妻子希拉，她的乳汁在墜落到地面後就變成了百合。在基督教中也將白百合稱為「聖母百合Madonna Lily」，將之視為聖母瑪利亞純潔無垢的象徵等等，在西方國家從古時候起，就是與聖母有緊密連結的特殊花朵，包括聖母子畫作等等，百合也成為各式各樣藝術創作的題材。

Flower Data

分類	百合科 百合屬
原產地	北半球的亞熱帶～溫帶
日文別名	—
上市時期	整年（香水百合）
開花季節	夏季
花期	7～10天
生日花	8/11、7/22（山百合）、12/31（香水百合）

花語

純粹／純真

純潔［香水百合］ 威嚴［山百合］

虛榮心［紅］

開朗／虛假［黃］

華麗／輕率［橘］

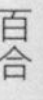

百合

花語
輕快
爽朗

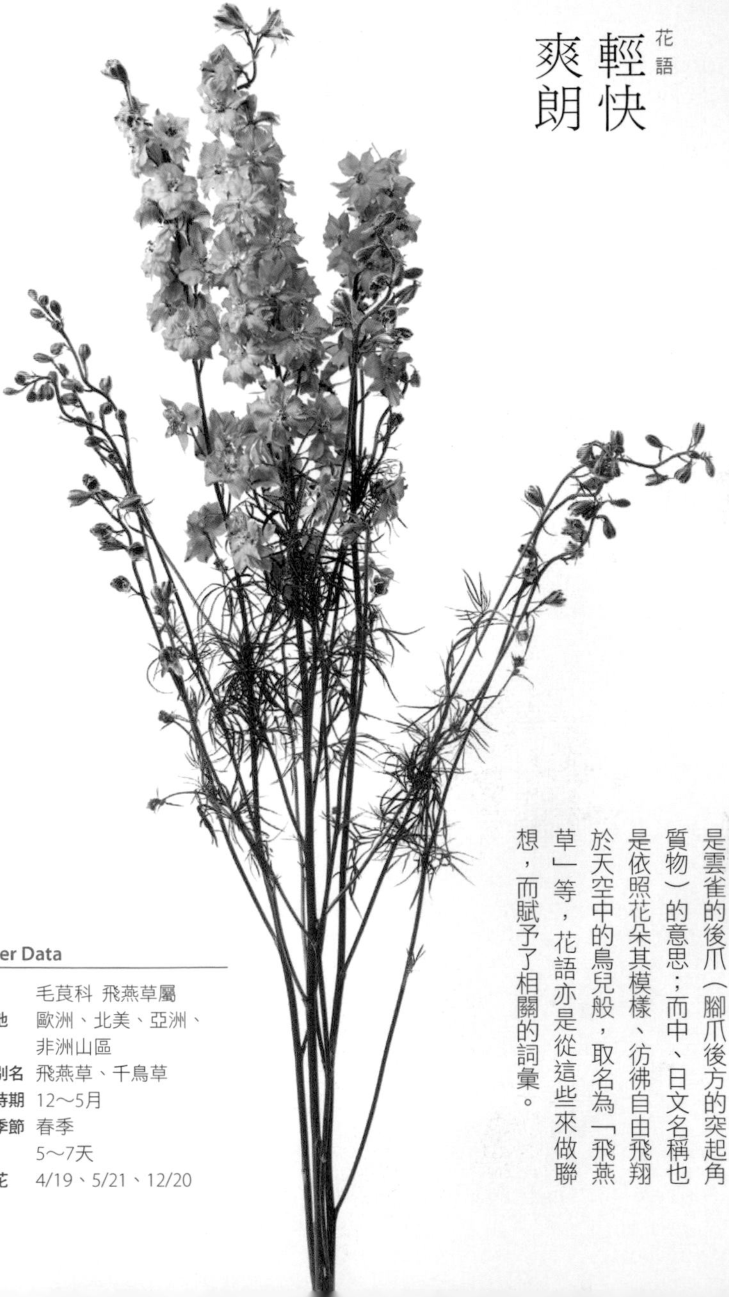

飛燕草

Larkspur

飛燕草的英文名稱「Larkspur」，是雲雀的後爪（腳爪後方的突起角質物）的意思；而中、日文名稱也是依照花朵其模樣、彷彿自由飛翔於天空中的鳥兒般，取名為「飛燕草」等，花語亦是從這些來做聯想，而賦予了相關的詞彙。

Flower Data

分類	毛茛科 飛燕草屬
原產地	歐洲、北美、亞洲、非洲山區
日文別名	飛燕草、千鳥草
上市時期	12～5月
開花季節	春季
花期	5～7天
生日花	4/19、5/21、12/20

Flower Data

分類	菊科 米花菊屬
原產地	澳洲東北部
日文別名	White dogwood (白花狗木)、Sago bush (穀米花)
上市時期	8～12月
開花季節	春季
花期	2星期
生日花	11/12

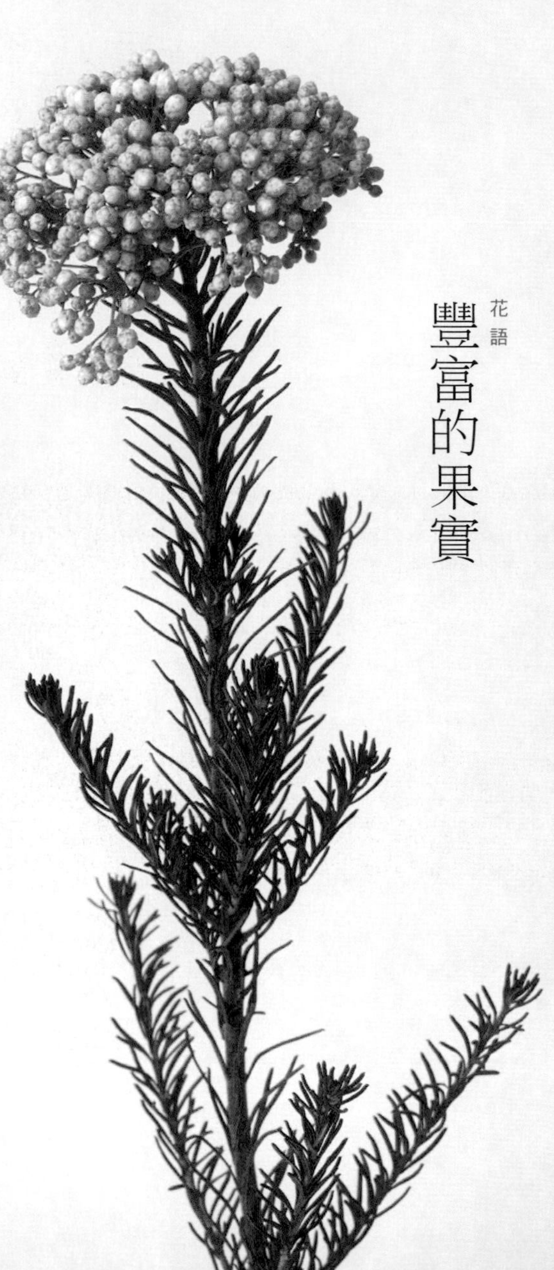

花語

豐富的果實

米香花

Rice flower

聚集在枝條頂端的迷你花苞，就像是小小米粒一樣，也由此獲得了米香花的稱號，花語也是會讓人聯想到五穀豐收。

從花苞狀態到真正開花，會需要很長一段時間，因此比起花朵，花苞反而才是最主要被欣賞的主角。但米香花在開始綻放後，花朵會從粉紅轉白，或由白變成粉色，能夠好好地見識到顏色的變化，花朵本身也具有既清爽又馥郁的特殊交合香氣。

紫丁香

Lilac

當淺紫或白色花朵開始盛開時，空氣中飄盪著的甜美香氣，也告訴著人們春天到了！紫丁香是歐洲象徵著春天的花朵，因為喜愛涼爽氣候，所以也成為北方國家的街頭行道樹並擁有高人氣。

紫丁香甚至還有一個傳說，要是發現有花瓣多出1片，總共5片花瓣的花朵時千萬別跟其他人說，默默香掉它就能獲得幸福，加上由於葉子形狀也是心型，讓紫丁香的花語都與戀情產生連結。

Flower Data

分類	木樨科 丁香屬
原產地	歐洲東南部
日文別名	紫丁香花、花丁香花、Lilac（歐丁香）
上市時期	10～6月
開花季節	春季
花期	5～10天
生日花	5/12、5/30（紫）、6/11

花語

回憶／初戀之香

戀情萌芽［紫］／天真無邪［白］

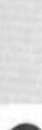

花語
感謝
相信我
跳動的心

兔尾草

Rabbit tail grass　Bunny tail

外觀就讓人忍不住想摸摸看，就像是蓬鬆柔軟的皮毛般，加上圓滾滾的模樣有如兔子尾巴，如此可愛的模樣，除了以希臘文中帶有「野兔尾巴」意思的Lagurus來命名，就連英文、中、日文名稱，也都是直接依照它像兔子尾巴的模樣，都稱為兔尾草。

不僅是在花朵凋謝以後，還能保有一段很長的觀賞期，做成了乾燥花也一樣人氣十足，花市裡還能夠看得到被染成紅、藍、黃等，不同顏色的兔尾草。

Flower Data

分類	禾本科 兔尾草屬
原產地	地中海沿岸
日文別名	兎の尾
上市時期	5～7月
開花季節	春季～夏季
生日花	5/31

Flower Data

分類	天門冬科 立金花屬
原產地	南非
日文別名	阿弗利加風信子（非洲風信子）、Lachenalia（立金花）
上市時期	12～4月
開花季節	秋季～春季
花期	1個月
生日花	1/12、3/11

爆竹百合

Cape cowslip

爆竹百合無論是花朵顏色、形狀到整體模樣，變化非常多樣，並且從晚秋一直到春天來臨都會開花，品種十分的豐富，也因此而被賦予了「變化」、「好奇心」的花語。

這是原生地在南非的一款球根植物，在日本也因為花朵的模樣而獲得了「非洲風信子」的別名。由於相當不耐寒，以盆栽種植的話，就能移動到不會有落霜的地點，因此以盆植方式，反而更能延長賞花花期的樂趣。

花語

變化
好奇心

花語

魅力十足

溫柔體貼［黃］

幸福［紫］

純潔［白］

無須修飾的美［粉紅］

秘密主義［橘］

你充滿魅力［紅］

陸蓮花

Ranunculus

色彩繽紛的輕薄花瓣，一層又一層堆疊綻放模樣，十分華麗的陸蓮花可說是「魅力十足」，但是它最早其實是透過十字軍才帶回歐洲，在經過不斷改良成為現在模樣以前，曾僅是只有5枚花瓣的簡樸花朵。「Ranunculus」的名稱據說是源自於拉丁文的「青蛙（rana）」，因為陸蓮花這款花朵，喜好生長在青蛙棲息的濕地，加上葉子形狀如同青蛙的腳，而有了這樣的名稱。

Flower Data

分類	毛茛科 毛茛屬
原產地	西亞、歐洲東南部、地中海沿岸
日文別名	花金鳳花、馬の腳型
上市時期	10～6月
開花季節	春季
花期	3～5天
生日花	1/20（黃）、2/25、3/2（紅）、5/25

花語

我等著你
沉默

期待〔頭狀薰衣草〕

幸福〔狹葉薰衣草〕

薰衣草
Lavender

溫柔地向四周傳遞著芬芳氣息的薰衣草，負責宣告夏天的正式來臨。自古以來做為具有鎮靜、止痛療效的草藥而知名，也被稱為「草藥女王」，花語的「沉默」，就是因為薰衣草花香能夠舒緩激動情緒，帶來放鬆效果而被賦予的。薰衣草的英文名稱語源，是拉丁文的「lavare（清洗）」，據說在古羅馬的浴場中會使用薰衣草來洗澡，所以由此來命名。

Flower Data

分類	唇形科 薰衣草屬
原產地	地中海沿岸、加那利群島
日文別名	薰衣草
上市時期	4～7月
開花季節	春季～夏季
花期	4～5天
生日花	6/9（頭狀薰衣草）、7/5、8/8（狹葉薰衣草）、12/3（乾燥）

花語
跟隨你誘惑

綿羊耳
Lamb's ears

中文也稱棉毛水蘇，具有一定厚度的葉子上面全都覆上了白色絨毛，非常柔軟且觸感相當好，完全符合了「lamb's ear（綿羊耳）」這個名字，而花語應該也是從花朵的溫柔氛圍、微微的甜美香氣得到靈感。綿羊耳經過乾燥會變得更加趨近於白色，做為種類不多的銀葉花材之一，會被運用在花圈製作等。另外也因為葉子的形狀與草石蠶相像，在日本又有著「綿草石蠶」的稱呼。

Flower Data

分類 唇形科 水蘇屬
原產地 西亞
日文別名 綿草石蚕・棉千代呂木
上市時期 整年
賞葉期 1星期
生日花 6/10

百部 利休草

Stemona japonica

百部在花藝組合的時候，主要都是用來做為葉材搭配的一款植物，亮麗綠葉加上纖細植莖，帶來了涼爽的視覺效果，在初夏時節綻放的小花，因為與植莖、葉子都是相同顏色而不起眼，如此「謙虛」的模樣，也成為了人氣的茶席用花。

「百部」是以其草根、煎來服用的藥草為目的，在江戶時代傳入到日本，後來也因為會裝飾於茶會宴席上，因此才會使用茶聖千利休之名，將之稱為「利休草」。

花語

清廉

先見之明

謙虛

Flower Data

分類 百部科 百部屬

原產地 中國

日文別名 百部、保土豆良、布止都良

上市時期 整年

賞葉期 1星期

生日花 8/14

非洲鬱金香

Leucadendron　Silver leaf tree

非洲鬱金香是原生於非洲，充滿異國情調且模樣獨特、魅力非凡的花朵，在開花的時候，能夠看到原本像是守護著中央花朵而緊閉的苞片，會慢慢地接二連三打開的模樣，完全符合了「打開緊閉的心」的花語。

花語

沉默之戀

打開緊閉的心

會冠上「Leucadendron」這種發音比較獨特的花名，其實是來自希臘文中的「白色樹木」的意思，而非洲鬱金香的葉子，因為會被一層灰綠色絨毛覆蓋，所以在日文裡也稱之為「銀葉樹」。

Flower Data

分類	山龍眼科 木百合屬
原產地	南非
日文別名	銀葉樹、Silver tree（銀葉樹）
上市時期	整年
開花季節	夏季
花期	2星期
生日花	9/4

花語
溫暖的心
相信的心

陽光百合

Glory of the sun

擁有柔和曲線的花莖頂端，星形花朵朝向四面八方綻放的模樣，看起來非常輕快且優雅。陽光百合的屬名Leucocoryne有著「白色棒子」的意思，依照花朵中央可見的3根雄蕊來命名，部分品種還會帶有辛辣又甜美的香氣。過去藍與紫兩種顏色，是陽光百合的經典色，但是隨著顏色種類的越來越豐富多樣，人氣也因此跟著增加。

「溫暖的心」的花語，則是源於部分品種的花朵中心，會變成紅色而得來。

Flower Data

分類	石蒜科 陽光百合屬
原產地	安地斯山脈
日文別名	Glory of the sun（陽光百合）
上市時期	1～6月
開花季節	春季
花期	5～7天
生日花	2/4

花語

滿滿的思念
輕鬆自在

珍珠菜
Japanese clethra

在日本山區裡隨處看得到的珍珠菜，每年初夏到夏季間會開出白色花朵（桤葉山柳的園藝品種也有粉色花朵），花朵帶有獨特的甜美香氣，能夠吸引蜜蜂、蝴蝶為採蜜而停駐。日本花名稱之為「令法」，是因為在過去曾明訂法令必須栽種、儲藏珍珠菜，以儲備應對災年的飢荒，而由此得名。而珍珠菜的彎曲花朵模樣，看起來就像是條龍的尾巴，所以在日文中還會將發音經過更動成為了龍尾。

Flower Data

分類	山柳科 山柳屬
原產地	日本、韓國、北美（桤葉山柳）
日文別名	令法
上市時期	6～9月
開花季節	夏季～秋季
花期	5～7天左右
生日花	7/13

龍膽 竜胆

Gentian

清少納言曾在《枕草子》中以「いとをかし（非常有意思）」來比喻龍膽，筆直伸展的花莖上開出充滿涼爽氣息的花朵，一直以來都是在日本各地山野裡、所能欣賞到的自然花開景致。龍膽自古就以藥草出名，根部因為「像龍膽一樣苦」，而命名為「龍膽」，在日本的花名發音還進而變化成「Rindou」。「愛著悲傷的你」的花語，源於龍膽這款花卉不是群生，而是靜靜地開出紫色花朵之故。

花語

愛著悲傷的你
誠實的性格

Flower Data

分類	龍膽科 龍膽屬
原產地	日本、中國、朝鮮半島、西伯利亞
日文別名	笹竜胆（竹葉龍膽）、疫病草
上市時期	6～11月
開花季節	秋季
花期	5～10天左右
生日花	9/16、10/1、10/20

Flower Data

分類	百合科 假葉樹屬
原產地	馬德拉群島（葡萄牙）～高加索
日文別名	笹葉假葉樹（竹葉假葉樹）
上市時期	整年
賞葉期	7～10天
生日花	1/17

花語

開朗

假葉樹

Butcher's bloom

假葉樹擁有著油光水亮葉子、以及葉的保鮮期相當長，成為了最大特色。到了冬季時，更會從葉子表面或背面正中央，冒出淡綠色小小花朵，讓頭一次看到它的人都很吃驚，「開朗」的花語應該就是因為這樣而得。

其實假葉樹看起來像葉子的部分，是由植莖變化而來，真正的葉子已經退化了。

Flower Data

分類	豆科 羽扇豆屬
原產地	南北美、地中海沿岸、南非
日文別名	昇藤、立藤、葉団扇豆・羽団扇豆
上市時期	12～6月
開花季節	春季
花期	5～7天
生日花	4/30、11/2、11/27

花語

想像力

貪慾

魯冰花

Lupine (Lupin)

宛如藤花般的小小花朵，由下往上依序綻放，因此魯冰花在日本又有著「昇藤」的名字。

現在的魯冰花雖然是做為觀賞或飼料、肥料之用，但其實過去是以食用為目的而栽種，古代歐洲甚至認為吃下魯冰花的花朵，就能讓心靈明亮、提升想像力，花語的「想像力」就是由此而來；而即使是貧瘠土地也能生長的強大生命力，讓魯冰花也被賦予了「貪慾」的花語。

花語
受傷的心
敏銳

琉璃球花薊
瑠璃玉薊

Blue ball　Small globe thistle

會取名為瑠璃玉薊是因為擁有圓滾滾、像乒乓球般的藍色（瑠璃色）花朵，以及形似薊草的鋸齒狀尖刺葉子，英文名稱同樣也稱為「Blue ball（藍球）」或「Small globe thistle（小球狀薊草）」。藍刺頭屬的屬名Echinops在希臘文中有著「像刺蝟一樣」的意思，應該是從球狀花朵、聯想到縮成一團的刺蝟，而花語也是引申自觸摸花朵後、會被刺痛的感受得來。

Flower Data

分類	菊科 藍刺頭屬
原產地	地中海沿岸、西亞
日文別名	Echinops（藍刺頭）、Blue ball（藍球）
上市時期	5～9月
開花季節	夏季
花期	5～10天
生日花	7/1、7/17、7/31

●○●●

花語

感謝
淡淡的思念

蕾絲花
Laceflower

豆子般迷你小花聚集一起，組合成一朵花朵的模樣，這樣的花朵再集合成群，讓無數花朵綻放成傘狀。

蕾絲花在歐洲從古時候開始，就將其果實視為具有強壯、健胃、利尿效果的草藥來使用，也因此誕生出「感謝」的花語。為了與翠珠花（請參考P178）做區別，也會將蕾絲花稱做「白蕾絲花」。

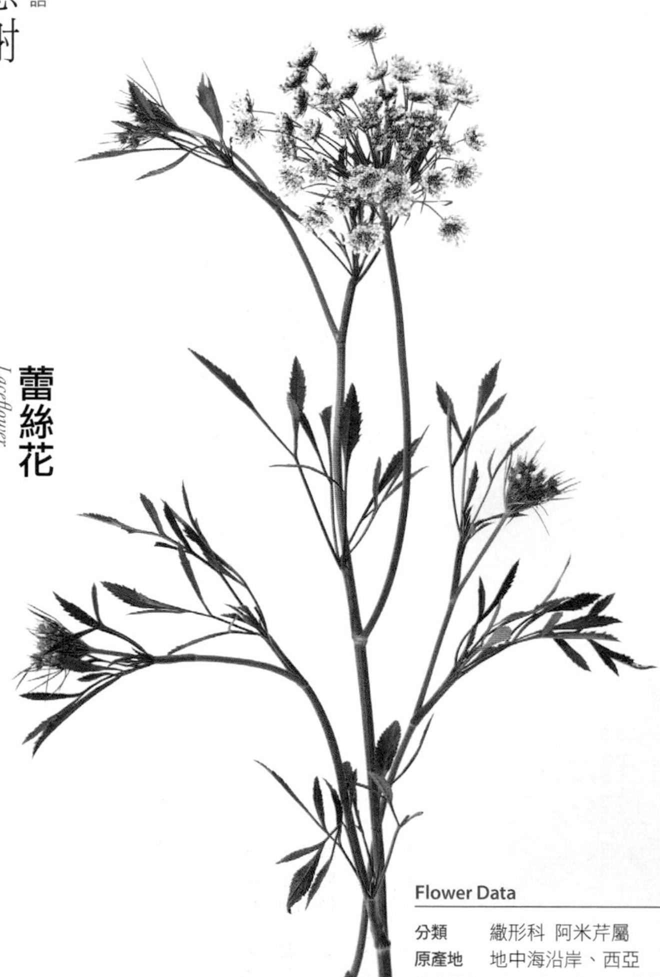

Flower Data

分類	繖形科 阿米芹屬
原產地	地中海沿岸、西亞
日文別名	White laceflower（白蕾絲花）、毒芹擬
上市時期	整年
開花季節	春季
花期	3～7天
生日花	3/15、6/7、10/4

Flower Data

分類	木犀科 連翹屬
原產地	中國
日文別名	連翹空木
上市時期	1～8月
開花季節	冬季～春季
花期	4～5天
生日花	4/11

花語

期待／希望

連翹 連翹

Forsythia　Golden bells

連翹在早春時，黃色小花會比葉子提早一步滿開在纖細枝條上，當花朵全部盛開時，甚至會讓整棵樹看起來像是籠罩在美麗黃金光彩裡，洋溢著滿滿的活潑生命力，而且與花朵接棒冒出來的新綠嫩芽也很迷人，讓「期待」、「希望」的花語應運而生。

在平安時代的《出雲書記》裡，就已經有著關於「連翹」的文字記述，不過當時比起賞花，更多的是將果實當作藥品來使用。

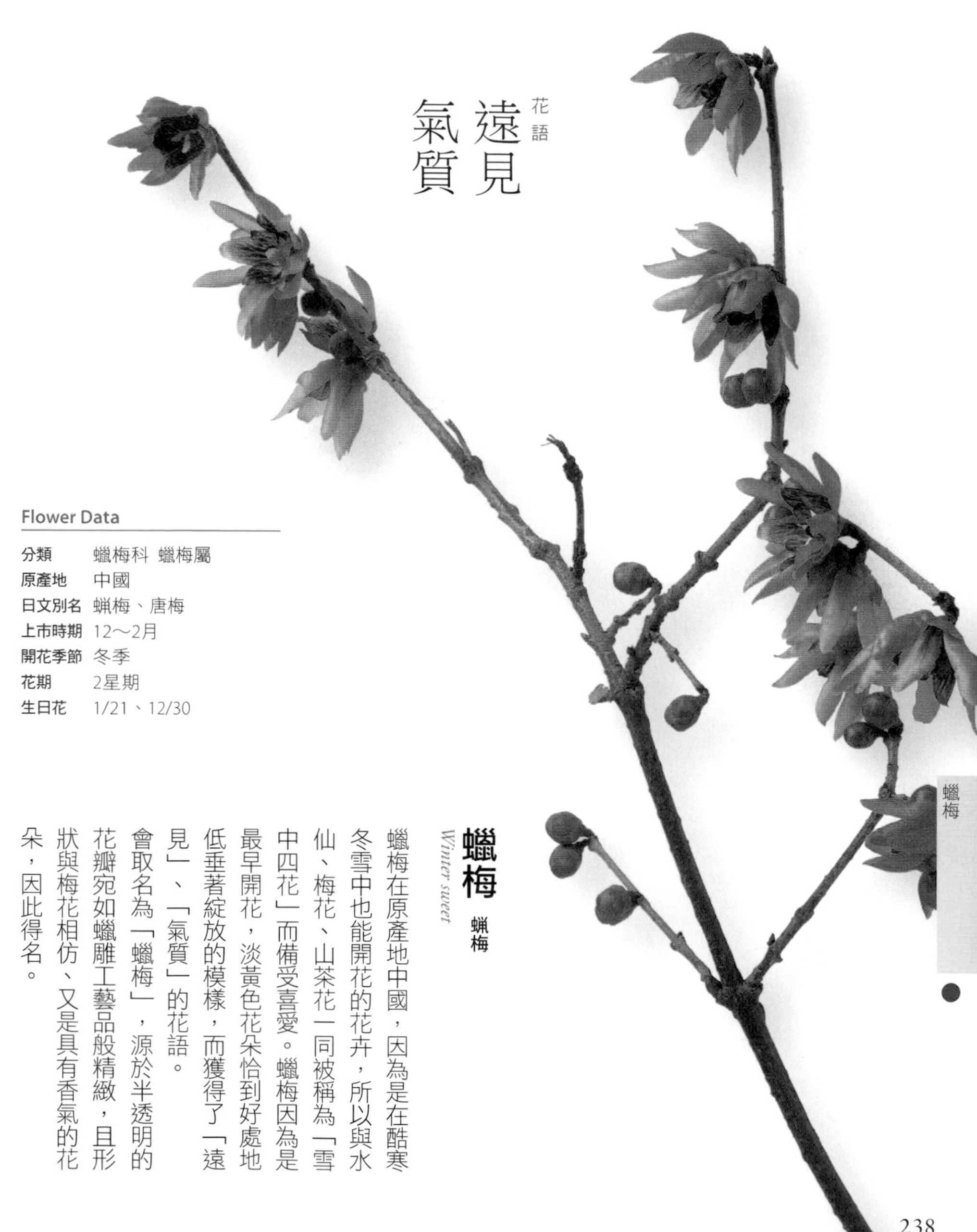

花語
遠見 氣質

Flower Data

分類	蠟梅科 蠟梅屬
原產地	中國
日文別名	蝋梅、唐梅
上市時期	12～2月
開花季節	冬季
花期	2星期
生日花	1/21、12/30

蠟梅

Winter sweet

蝋梅

蠟梅在原產地中國，因為是在酷寒冬雪中也能開花的花卉，所以與水仙、梅花、山茶花一同被稱為「雪中四花」而備受喜愛。蠟梅因為是最早開花，淡黃色花朵恰到好處地低垂著綻放的模樣，而獲得了「遠見」、「氣質」的花語。

會取名為「蠟梅」，源於半透明的花瓣宛如蠟雕工藝品般精緻，且形狀與梅花相仿、又是具有香氣的花朵，因此得名。

Flower Data

分類	紫草科 勿忘草屬
原產地	亞洲、歐洲
日文別名	ー
上市時期	3～6月
開花季節	春季
花期	2～5天
生日花	2/7、2/29、4/5

花語

不要忘記我 真實的愛

勿忘我

Forget-me-not

勿忘草・忘れな草

不僅依照德國的傳說而賦予了花語，「勿忘我」也是在全世界、幾乎都以具有「別忘記（我）」的意思來稱呼的花。

傳說故事中，有一名男子想摘花送給情人，卻不小心跌落河中，伴隨著「不要忘記我」的遺言，而成為永遠回不來的人，而他的情人也從不曾忘記過他，一輩子都將勿忘我的花朵、插在頭髮上裝飾。

蠟花

Wax flower　Wax plant

蠟花出現在澳洲西部沙漠地帶，因為花朵彷彿上了蠟一樣帶有獨特質感，所以成為了花名的由來，會在無數分杈的花莖前端，滿滿地開出了或白或粉紅的可愛小花朵。

纖細花莖朝四面八方伸展的模樣，使得蠟花也擁有「隨心所欲」的花語，而「還不為人知的優點」則是因為蠟花的花朵並沒有香氣，反而是花莖、葉子會散發淡淡甜香而來。

花語
可愛
還不為人知的優點

Flower Data

分類	桃金孃科 風蠟花屬
原產地	澳洲
日文別名	Chamelaucium（風蠟花）
上市時期	整年
開花季節	秋季（南半球的春季）
花期	2星期
生日花	1/19、2/8、3/12

蠟花

花語

變化 流逝的歲月 憂慮

地榆

Great burnet

吾亦紅・吾木香

秋天時遍開於原野間的地榆美景，讓人印象深刻。從過去就一直被人們所歌頌，就連《源氏物語》裡都曾經出現過，備受文人墨客的喜愛。看起來如果實般細長的部分，其實是眾多小花的匯聚體，由長花穗頂端一路往下陸續開花。

地榆在日本的名稱，有一說是依據花色而有「我也會跟著變紅（吾亦紅）」而來，也有一個說法是因為花莖、葉子帶有香氣而稱為「吾木香」等等。

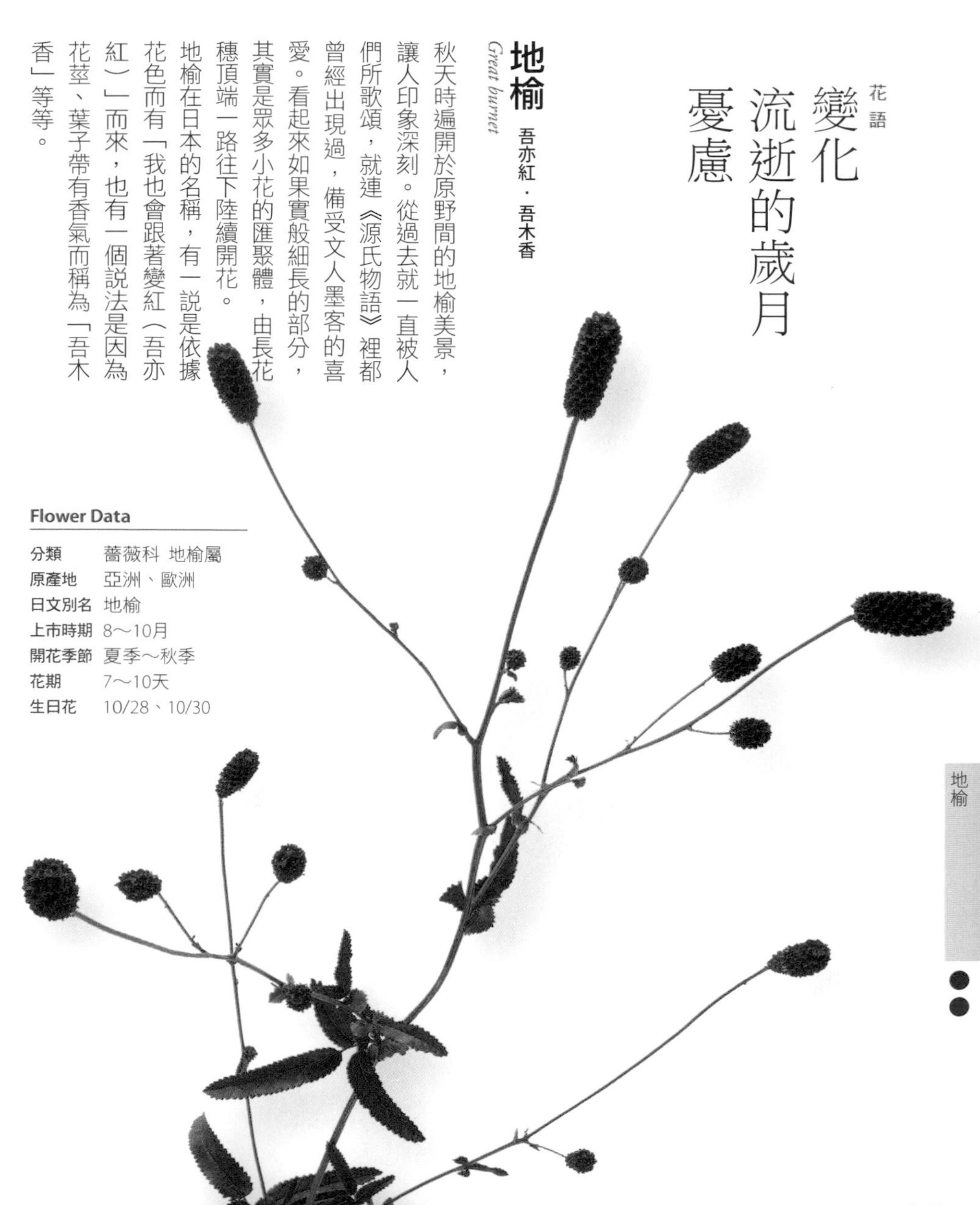

Flower Data

分類	薔薇科 地榆屬
原產地	亞洲、歐洲
日文別名	地榆
上市時期	8～10月
開花季節	夏季～秋季
花期	7～10天
生日花	10/28、10/30

Column

輕鬆掌握花藝裝飾訣竅

無論是收到鮮花還是自己購買，接下來為大家介紹可以輕鬆裝飾的訣竅。

非洲菊
×
細長一輪插花瓶

花莖纖細又筆直的非洲菊，最適合輕鬆地使用一輪插花瓶，在一般雜貨店裡就能找到，口徑狹小又細長的玻璃花器，直接插進去就成為了一幅美麗景色。要是想讓花朵看起來更有曲線美，花器的高度以及延伸出來的非洲菊長度比例，可以在 1：1 ～ 1：1.5 左右。而花器本身具有一定重量的話，比較穩定而不會傾倒，要是擁有一朵以上非洲菊時，不妨修剪出不同高度並改變花朵方向，營造出動態感。

紫丁香
×
廣口果醬瓶
×
葉材

朝天伸展、花枝頂端開滿了小花的紫丁香，可以乾脆地一口氣修短，滿滿地塞進低矮型花瓶裡，不僅因為重心都在下方而非常穩定，也更加容易取得整體造型的平衡感。而在花器反方向的位置，則不妨以葉材來填滿，要是手上有葡萄酒酒瓶，則是保留枝條長度，搭配上同季節開花的雪柳，拉出空間感的裝飾方法也很迷人。

絳紅三葉草
×
廣口小型花器

絳紅三葉草屬於草花系列的溫柔風格花朵，讓它以倚靠的方式插進廣口花瓶裡，就能夠帶來輕盈且充滿動感的氛圍，微微低垂的模樣，讓大自然系草花看起來更可愛。一般人或許都會很容易認為當花瓶瓶口一大，就必須要插滿許多花朵才行，但像圖片這樣讓花朵橫向擺放，即使只有幾朵花也能夠展現出美感。

花語索引

愛情・家庭

美・稱讚

療癒・幸福・喜悅・新生活・友情

財運・勝利

魅力・個性

感情・行為

其他

開花期索引

※橫跨季節開花的花朵、依照品種而有不同開花期的花朵、整年．不定期開花的花朵，請參考P253頁以後。

春

紫嬌花……133
穩重的魅力
餘香

洋桔梗……142
清新之美

石竹……144
天真無邪
可愛
貞操

油菜花……146
快活
豐富

刻球花……150
熱情
熱心

貝母……152
謙虛的心

四照花……154
請接受我的思念
永恆

風信子……169
體育
勝負
競賽

小蒼蘭……176
深情

翠珠花……178
態度優雅

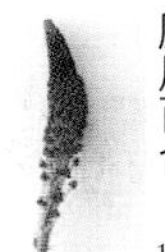

鳳尾百合……180
休息

帝王花……182
王者風範
自由自在

牡丹……195
風格
高貴
害羞

罌粟花……197
胡思亂想
夢想家
安慰

波羅尼花……198
印象深刻
芳香

瑪格麗特……199
戀愛預言
暗戀

金合歡……203
秘密的愛
友情

桃花……210
我是你的俘虜
性情溫順

棣棠花……213
氣質
崇高
財運

雪柳……217
愛嬌
可愛

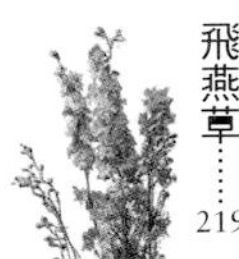

飛燕草……219
輕快
爽朗

米香花……220
豐富的果實

紫丁香……221
回憶
初戀之香

陸蓮花……224
魅力十足

陽光百合……230
溫暖的心
相信的心

魯冰花……234
想像力
貪欲

蕾絲花……236
感謝
淡淡的思念

勿忘我……239
不要忘記我
真實的愛

夏

秋

冬

橫跨季節開花的花朵

春季～

夏季～

秋季～

冬季～

依照品種而有不同開花期的花朵

整年・不定期開花的花朵

葉材（上市時期）

STAFF

植物寫真
大作晃一　橫田裕美子

寫真提供
PIXTA

裝幀・排版設計
SPAIS（熊谷昭典 宇江喜櫻）

日常花事圖鑑

常見200種花卉，從選擇、知識到花語的療癒系手帖

作者宇田川佳子（監修）
譯者林安慧
主編吳佳臻 **責任編輯**周麗淑
封面設計羅婕云 **內頁美術設計**李英娟

執行長何飛鵬
PCH集團生活旅遊事業總經理暨社長李淑霞
總編輯汪雨菁
行銷企畫經理呂妙君
行銷企劃專員許立心

出版公司
墨刻出版股份有限公司
地址：台北市104民生東路二段141號9樓
電話：886-2-2500-7008／傳真：886-2-2500-7796
E-mail：mook_service@hmg.com.tw
發行公司
英屬蓋曼群島商家庭傳媒股份有限公司城邦分公司
城邦讀書花園：www.cite.com.tw
劃撥：19863813／戶名：書虫股份有限公司
香港發行城邦（香港）出版集團有限公司
地址：香港九龍九龍城土瓜灣道86號順聯工業大廈6樓A室
電話：852-2508-6231／傳真：852-2578-9337
城邦（馬新）出版集團 Cite (M) Sdn Bhd
地址：41, Jalan Radin Anum, Bandar Baru Sri Petaling, 57000 Kuala Lumpur, Malaysia.
電話：(603)90563833 ／傳真：(603)90576622 ／E-mail：services@cite.my
製版・印刷藝樺彩色印刷製版股份有限公司・漾格科技股份有限公司
ISBN978-986-289-744-7・978-986-289-745-4（EPUB）
城邦書號KJ2068 **初版**2022年8月 **三刷**2023年12月 **定價**520元
MOOK官網www.mook.com.tw
Facebook粉絲團
MOOK墨刻出版 www.facebook.com/travelmook

國家圖書館出版品預行編目資料

日常花事圖鑑：常見200種花卉,從選擇、知識到花語的療癒系手帖/宇田川佳子作；林安慧譯. -- 初版. -- 臺北市：墨刻出版股份有限公司出版：英屬蓋曼群島商家庭傳媒股份有限公司城邦分公司發行, 2022.08
256面 ;15×18.2公分. -- (SASUGAS ;68)
譯自：ちいさな花言葉・花図鑑
ISBN 978-986-289-744-7(平裝)
1.CST: 花卉 2.CST: 植物圖鑑
435.4025　　111010559